Chaouki Mnasri

Commande par Mode Glissant des Systèmes Multivariables Incertains

Chaouki Mnasri

Commande par Mode Glissant des Systèmes Multivariables Incertains

Synthèse des lois commande robuste et amélioration des performances

Presses Académiques Francophones

Impressum / Mentions légales

Bibliografische Information der Deutschen Nationalbibliothek: Die Deutsche Nationalbibliothek verzeichnet diese Publikation in der Deutschen Nationalbibliografie; detaillierte bibliografische Daten sind im Internet über http://dnb.d-nb.de abrufbar.

Information bibliographique publiée par la Deutsche Nationalbibliothek: La Deutsche Nationalbibliothek inscrit cette publication à la Deutsche Nationalbibliografie; des données bibliographiques détaillées sont disponibles sur internet à l'adresse http://dnb.d-nb.de.

Coverbild / Photo de couverture: www.ingimage.com

Verlag / Editeur:
Presses Académiques Francophones
ist ein Imprint der / est une marque déposée de
AV Akademikerverlag GmbH & Co. KG
Heinrich-Böcking-Str. 6-8, 66121 Saarbrücken, Deutschland / Allemagne
Email: info@presses-academiques.com

Herstellung: siehe letzte Seite /
Impression: voir la dernière page
ISBN: 978-3-8381-7561-4

UNIVERSITE DE TUNIS EL MANAR

THESE

présentée à

L'ECOLE NATIONALE D'INGENIEURS DE TUNIS

pour obtenir le grade de

DOCTEUR

en Génie Electrique

par

Chaouki MNASRI

Ingénieur de l'ENIT

COMMANDE PAR MODE GLISSANT
DES SYSTEMES MULTIVARIABLES INCERTAINS

soutenue le 02 Mars 2009 devant le Jury composé de :

Mr	B. BEN SALAH	Président
Mr	M. N. ABDELKRIM	Rapporteur
Mr	E. BENHADJ BRAIEK	Rapporteur
Mme	S. BELGUITH	Examinateur
Mr	M. GASMI	Examinateur

Avant Propos

Le travail, présenté dans ce mémoire, a été effectué à l'Unité de Recherche en Automatique et Informatique Industrielle (URAII) de l'Institut National des Sciences Appliquées et de Technologie (INSAT), sous la direction de Monsieur le Professeur Moncef GASMI.

Nous sommes particulièrement sensible au grand honneur que Monsieur Boujemâa BEN SALAH, Professeur à l'Ecole Nationale d'Ingénieurs de Tunis (ENIT), nous a fait en acceptant de présider notre Jury de thèse. Qu'il trouve ici, l'expression de notre reconnaissance et le témoignage de notre profond respect.

Nous sommes très redevable envers Monsieur Moncef GASMI, Professeur à l'INSAT et Directeur de l'URAII, pour l'accueil qu'il nous a réservé au sein de son équipe de recherche. Qu'il trouve ici l'expression de notre profonde gratitude pour l'intérêt qu'il a porté à nos travaux et les conseils éclairés qu'il nous a prodigués avec le sérieux et la compétence qui le caractérisent.

Nous remercions vivement Monsieur le Professeur Mohamed Naceur ABDELKRIM, Directeur de l'Ecole Nationale d'Ingénieurs de Gabès (ENIG), qui a bien voulu accepter de participer à notre Jury de thèse. Qu'il trouve ici le témoignage de notre profonde gratitude.

Monsieur Ennaceur BENHADJ BRAIEK, Professeur à l'Ecole Supérieure des Sciences et des Techniques de Tunis (ESSTT), Directeur de l'Unité de Recherche LECAP à l'Ecole Polytechnique de Tunisie (EPT), nous a fait un grand honneur en acceptant de juger nos travaux et de participer à notre Jury de thèse. Nous lui exprimons nos plus vifs remerciements.

Madame le Professeur Safia BELGUITH, Directrice de l'Ecole Supérieure des Technologies et de l'Information (ESTI), nous a honoré en acceptant de participer à notre Jury de thèse. Nous lui exprimons toute notre reconnaissance.

Nous tenons enfin à rendre hommage à l'esprit d'équipe qui règne à l'URAII et à exprimer à nos collègues et amis chercheurs de l'URAII ainsi que tous ceux qui ont contribué de près ou de loin à l'élaboration de ce travail, parmi les membres de ma famille et mes amis, nos remerciements les plus sincères.

Table des Matières

i

Chapitre 2 : Commande Robuste par Mode Glissant à Ordre Complet des Systèmes Incertains

Introduction Générale

Plusieurs systèmes physiques exigent, naturellement, dans leurs modèles dynamiques, l'utilisation de limites discontinues. C'est le cas, par exemple, des systèmes mécaniques avec frottement. Ce fait a été identifié et avantageusement exploité depuis le début même du 20ème siècle pour la régulation d'une grande variété de systèmes dynamiques. Le mot clé de cette nouvelle approche était la théorie des équations différentielles, avec des membres droits discontinus, fondée à l'ex-Union Soviétique.

Sur cette base, les stratégies de commande discontinue avec contre réaction sont apparues sous le nom de la théorie des Systèmes à Structure Variable (SSV); les entrées de commande y prennent typiquement des valeurs d'un ensemble discret, telles que les limites extrêmes d'un relais ou d'un ensemble limité de fonctions prédéfinies de commandes avec contre réaction. La logique de commutation est conçue de telle manière à contraindre les dynamiques du système en boucle fermée à une propriété prépondérante menant à une stabilisation sur un hyperplan de commutation aboutissant à la trajectoire désirable. Basée sur ces principes, une des techniques les plus populaires a été créée et développée depuis les années 50 à travers les publications d'Utkin: la Commande par Mode Glissant (CMG) dont la spécificité essentielle est le choix d'une surface de commutation dans l'espace d'état selon les caractéristiques dynamiques désirées du système en boucle fermée. La logique de commutation, et ainsi la loi de commande, sont conçues de sorte que la trajectoire d'état atteint la surface et y demeure.

Parmi les avantages principaux de cette méthode, on peut citer :

- la robustesse contre une grande classe de perturbations ou d'incertitudes de modèle,
- le besoin d'une quantité réduite d'information par rapport aux techniques de commande classiques,
- la possibilité de stabiliser quelques systèmes non linéaires non stabilisables par des lois de commande continues avec retour d'état.

Suite à ces avantages, l'intensité de la recherche, dans cet axe, dans beaucoup de laboratoires de recherche scientifique industriels et universitaires est maintenue à un niveau élevé, et il s'est avéré que la commande par mode glissant peut être appliquée à plusieurs problèmes tels qu'en robotique, traction électrique, régulation de processus, pilotage de véhicules et de positionnement.

Cependant, l'utilisation de cette technique de commande a longtemps été limitée par les oscillations dues à la commutation de la commande discontinue. Celles-ci connues, sous le nom de chattering, dégradent la qualité de la poursuite de trajectoire et sollicitent de manière énergique les actionneurs. Pour éliminer ce phénomène, plusieurs solutions ont été étudiées telles que la diminution de la fréquence de commutation qui assure une action progressive. Il est également possible de remplacer la fonction "signe", présente dans la loi de commande, par une approximation continue de type grand gain dans un proche voisinage de la surface. Cette méthode est appelée couche limite. Dans ce cas, le régime glissant n'est plus confiné sur la surface mais au voisinage de celle-ci.

Le problème fondamental, dans la théorie des systèmes et de la commande, est la modélisation mathématique d'un système physique. La représentation réelle de plusieurs systèmes fait appel à des équations dynamiques à ordre élevé. La présence de quelques paramètres "parasites" comme les constantes de temps rapides, moment d'inertie, résistances, inductances et capacités sont généralement la source d'une augmentation de l'ordre de ces systèmes. L'approche des perturbations singulières résout les difficultés liées aux dimensions, elle donne une simplification, dans un premier temps par élimination des phénomènes rapides (modèle lent), puis elle enrichit l'approximation par réintroduction de leur effet (modèle rapide). Les deux modèles sont calculés dans deux échelles de temps différentes. Celui à ordre réduit peut être utilisé pour l'analyse des propriétés du système global. La combinaison de la technique des perturbations singulières avec la CMG a été largement étudiée, ces dernières années dans plusieurs approches, et des résultas acceptables ont été obtenus.

La modélisation mathématique peut ne pas être une description exacte du processus réel, à cause par exemple, des simplifications faites dans la phase de modélisation et des variations des paramètres du modèle en fonction de temps. La différence entre le modèle représentant le système et le processus réel est dite incertitude du modèle. D'ailleurs, le système réel souffre toujours de la présence de certaines perturbations externes. Il est très important qu'un système de commande conçu assure les performances désirées en présence des incertitudes et des perturbations sur les modèles. Cette exigence fait appel aux approches robustes pour être appliquées dans la synthèse de la commande. La CMG fait partie de ces stratégies, en effet elle est totalement insensible aux incertitudes et aux perturbations externes, vérifiant une condition dite condition adaptée, dès que la trajectoire d'état atteint la surface de glissement. Cette propriété de robustesse est parmi les avantages les plus importants de la CMG. Néanmoins, il est à noter que l'approche largement utilisée de la CMG, dite classique ou à ordre réduit, exige l'existence d'un mode d'atteignabilité avant l'apparition du mode glissant. Ainsi, le comportement dynamique du système est sensible à la présence des incertitudes pendant la première phase. Par conséquent, la commande issue d'une telle approche ne donne les performances voulues au système, en dépit de la présence des perturbations, qu'après l'apparition du mode glissant. Cette insuffisance a été à l'origine d'une recherche d'autres solutions; parmi les plus intéressantes, celle articulée autour d'un choix particulier de la surface de commutation permettant alors l'élimination de la phase d'atteignabilité et ce par obligation de la trajectoire d'état d'être initialement en mode glissant; cette approche est dite mode glissant à ordre complet ou intégral.

Plusieurs systèmes complexes peuvent être décomposés en un ensemble de sous systèmes, où chaque sous système est soumis à l'action, en plus des entrées locales, des autres sous systèmes. Une telle classe de systèmes est dite systèmes interconnectés. Le problème de la commande qui tient en compte des particularités de ces systèmes a pris un grand intérêt dans plusieurs travaux de recherche. La plupart de ces travaux sont basés sur une approche dite décentralisée qui consiste en la recherche, pour chaque sous système, d'une commande dépendant uniquement des informations locales. L'ensemble de ces commandes doit garantir les performances désirées du système global. L'utilisation de la CMG pour le cas des systèmes interconnectés, a trouvé ces dernières années une position importante dans la littérature relative. Les résultats obtenus, en termes de lois de commande décentralisée par mode glissant, sont jugés compétitifs grâce aux avantages de la CMG.

L'importance de la CMG, procurée à partir des avantages précités, représente la motivation principale des travaux que nous présentons à travers ce mémoire. Ainsi, l'analyse, l'amélioration et la contribution à la résolution des différents problèmes, reliées d'une part à la modélisation mathématique et à la complexité des systèmes, et d'autre part à la stratégie de la CMG elle même, forment les principaux mots clés.

Afin d'atteindre ces objectifs, le présent mémoire est organisé en trois chapitres.

Le premier chapitre est consacré, dans un premier temps, à quelques rappels et à la présentation des principales notions et des différents concepts de la commande à structure variable par mode glissant selon l'approche classique. En second lieu, cette approche sera appliquée au cas des systèmes singulièrement perturbés pour l'élaboration d'une méthode de commande selon une hiérarchie en boucles duales en tenant compte des effets des variables rapides dans le comportement dynamique du système global.

La synthèse robuste des lois de la CMG selon l'approche à ordre réduit et celle à ordre complet des systèmes incertains sera effectuée dans le deuxième chapitre. Une étude comparative des lois obtenues selon l'approche classique avec celles issues de la deuxième approche sera ainsi effectuée. L'exploitation des résultats obtenus pour le cas des systèmes interconnectés incertains sera ensuite envisagée pour la conception des lois de commande décentralisée par mode glissant.

Le troisième chapitre est réservé à l'amélioration des performances de la CMG. Le premier point qui sera considéré est l'élaboration d'une loi de commande par mode glissant à ordre complet avec retour de sortie. En se plaçant dans un contexte de poursuite de référence, il est envisagé, ensuite, d'associer la CMG aux techniques d'adaptation pour la synthèse d'une commande par mode glissant adaptatif pour estimer les bornes des incertitudes et des perturbations. Les résultats ainsi obtenus seront étendus par incorporation d'un mécanisme d'inférence flou pour la conception d'une commande par mode glissant adaptatif flou en vue de l'élimination du phénomène de chattering.

Chapitre 1

Sur l'Approche Classique
de Commande par Mode Glissant

1.1 Introduction

Dans ce premier chapitre, les principaux concepts de la commande par mode glissant, qui ont été largement rencontrés dans la littérature et qui forment la base de l'approche qualifiée de classique ou à ordre réduit, seront présentés. Dans ce sens, nous introduisons tout d'abord, à travers un exemple typique, la notion de Systèmes à Structure Variable (SSV) ainsi que les propriétés qui s'y rapportent. Par la suite, les étapes et les méthodes de synthèse de la surface de glissement et des lois de Commande par Mode Glissant (CMG) seront proposées.

L'exploitation de l'approche CMG pour le cas des Systèmes Singulièrement Perturbés (SSP) sera ensuite envisagée; elle constituera une contribution principale de ce chapitre. En effet, nous exposerons les notions de base des SSP qui conduisent à un modèle singulièrement perturbé; la commande par mode glissant, à cette classe de systèmes selon une hiérarchie en boucles duales, sera considérée. L'application de l'approche proposée à un modèle linéarisé d'ordre sept d'un avion, en vue de la validation par simulation des résultats obtenus, achèvera le chapitre.

1.2 Notion de systèmes à structure variable

Pour comprendre la notion des systèmes à structure variable et pour montrer les avantages de changement de structure, nous présentons l'exemple de second ordre représenté par l'équation d'état suivante [1], [2]:

$$\begin{cases} \dot{x}_1 = x_2 \\ \dot{x}_2 = ax_2 + u \end{cases} \tag{1.1}$$

où x_1 et x_2 sont les variables d'état, u la commande et a un paramètre positif.

Supposons une commande par retour d'état définie par: $u = -kx_1$, les pôles du système en boucle fermée ainsi obtenus sont donnés par :

$$\lambda_{1,2} = \left(a \pm \sqrt{a^2 - 4k} \right) / 2 \tag{1.2}$$

Pour $|k| = b$, avec $b > \dfrac{a^2}{4}$, deux structures linéaires correspondant à k<0 et k>0 peuvent être étudiées :

1) k=b, les pôles sont complexes conjugués avec partie réelle positive ainsi le point d'équilibre du système dans le plan de phase correspond à un foyer instable, Figure (1.1-a).

2) k=− b, la structure possède deux pôles réels, l'un stable caractérisé par λ_2<0 et l'autre instable caractérisé par λ_1>0, le point d'équilibre correspond alors à un point col, Figure (1.1-b).

Les deux structures sont alors instables. Cependant, notons que dans la deuxième structure donnée par la figure (1.1-b) et sur la droite Δ_2 correspondant au pôle stable λ_2 d'équation $x_2 - \lambda_2 x_1 = 0$, les dynamiques du système tendent vers l'origine.

Si on définit alors une fonction de commutation $s(x_1, x_2)$ telle que :

$$s(x_1, x_2) = x_1 s_1, \tag{1.3}$$

avec :

$$s_1 = x_2 - \lambda_2 x_1 \tag{1.4}$$

et en imposant au système étudié de commuter sur les droites x_1=0 et s_1=0 suivant la loi de commutation définie par :

$$k = \begin{cases} b & si & s(x_1, x_2) > 0 \\ -b & si & s(x_1, x_2) < 0 \end{cases} \tag{1.5}$$

la trajectoire de phase obtenue est représentée sur la figure (1.1-c); elle montre que les trajectoires correspondant aux deux structures instables, déjà étudiées, se complètent sur la droite x_1=0 ; ainsi toutes les trajectoires se trouvent orientées vers la droite Δ_2, correspondant à $s_1=0$, et elles convergent asymptotiquement vers l'origine. Le système à structure variable est alors asymptotiquement stable.

On a montré dans cet exemple comment les deux structures correspondent à un système instable lorsqu'elles sont prises isolées et à un système stable si elles sont combinées; c'est ce qui est appelé mode glissant.

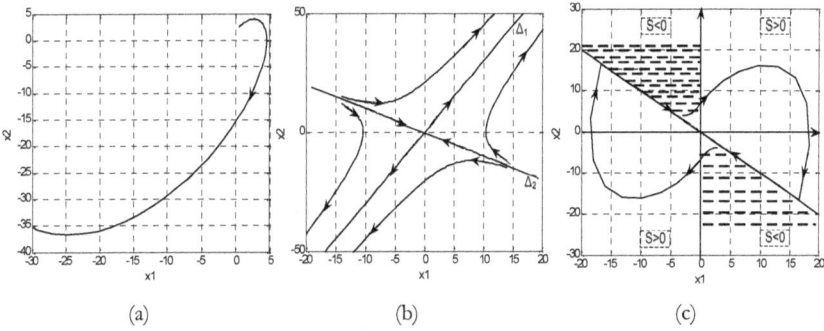

(a)   (b)   (c)

Figure (1.1): Système à structure variable asymptotiquement stable
composé de deux structures instables.

La droite Δ_2 est dite surface de glissement, dont le choix, correspondant à une valeur de λ_2, conduit à différentes réponses du système.

Généralement, le mode glissant apparaît au long d'une trajectoire qui n'est pas relative aux différentes structures formant le système. En effet reconsidérons l'exemple étudié en désignant une surface de glissement suivant la relation :

$$s_1 = x_2 + \lambda x_1 \tag{1.6}$$

La figure (1.2) illustre différents phénomènes pour plusieurs valeurs de λ. Pour $\lambda = |\lambda_2|$, en observant la trajectoire en ligne pointillée, on remarque que si le vecteur d'état est perturbé à l'instant $t=t_0$ correspondant au point A, au dessous de la droite λ_2, celle-ci rejoint la droite de glissement lorsqu'elle atteint le point B correspondant à l'instant $t=t_1$.

Pour le cas $0 < \lambda < |\lambda_2|$, toute trajectoire atteignant la droite Δ_3, si elle se trouve perturbée, est forcée de quitter cette droite mais elle est immédiatement rappelée vers celle-ci. On dit que les trajectoires glissent sur la droite caractérisée par $s_1 = 0$.

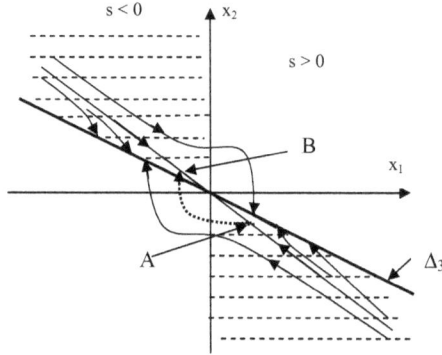

Figure (1.2) : Mode glissant pour un système de second ordre à structure variable.

Il est clair que la condition de l'apparition du mode glissant nécessite que la structure du système varie durant la phase de commande : on parle alors de la commande à structure variable (V.S.C).

On peut constater que la trajectoire de phase du système à structure variable consiste en deux parties :

- Mode d'atteignabilité, durant lequel une trajectoire, commençant de n'importe quel point du plan de phase, se déplace vers la surface de glissement pour l'atteindre en temps fini;

- Mode glissant, dans lequel la trajectoire tend asymptotiquement vers l'origine en glissant sur la surface $s_1 = 0$.

Ainsi quelques importantes remarques peuvent être dégagées :

- Le mode glissant se produit pour une trajectoire qui n'appartient pas à aucune des deux structures instables.

- L'étude du système de second ordre considéré est réduite à celle d'un système de premier ordre, suite à la contrainte imposée sur les variables d'état ($s_1 = 0$).

- Les dynamiques du système sont contrôlées par le paramètre λ qui est invariant. Cette propriété est très importante pour la commande des systèmes incertains.

1.3 Synthèse de la commande par mode glissant

Dans ce qui suit, la procédure de synthèse de la surface de glissement et de la loi de commande par mode glissant sera présentée.

Le modèle de base utilisé est caractérisé par la représentation d'état suivante :

$$\dot{x} = Ax + Bu \tag{1.7}$$

avec $x \in \mathbb{R}^n$ le vecteur d'état, $u \in \mathbb{R}^m$ le vecteur de commande telle que $n > m$, A et B sont des matrices de dimensions convenables. La paire (A, B) supposée commandable.

1.3.1 Définitions

Les notions suivantes seront utilisées tout le long de ce rapport :

i) **Fonction de commutation :** la commande u est à commutation en sa nature, chaque composante u_i prend la forme suivante:

$$u_i(x,t) = \begin{cases} u_i^+ & si & s_i(x) > 0 \\ u_i^- & si & s_i(x) < 0 \end{cases} \qquad i = 1,...,m \qquad (1.8)$$

u_i^+, u_i^- et $s_i(x)$ sont des fonctions continues. $s_i(x)$ est une fonction de commutation de dimension $(n-1)$. Puisque $u_i(x,t)$ commute d'une part à l'autre de la surface $s_i(x) = 0$, cette dernière est appelée surface de commutation ou hyperplan de commutation.

(ii) **Mode glissant :** soit $S = \{ x / s(x) = 0 \}$ une surface de commutation qui inclut l'origine x=0. Si, pour n'importe $x_0 \in S$, on a $x(t) \in S$ pour tout $t > t_0$, alors $x(t)$ est un mode glissant pour le système.

Un mode glissant existe, si au voisinage de la surface de commutation, la tangente ou les vecteurs de vitesse de la trajectoire d'état se dirigent toujours vers la fonction de commutation

(iii) **Surface de glissement :** si le mode glissant existe sur $S = \{ x / s(x) = 0 \}$ et pour chaque point dans cette surface, il y a des trajectoires l'atteignant des deux cotés de la surface, alors la surface de commutation S est dite surface de glissement.

(iv) **Condition d'atteignabilité et région d'attraction :** l'existence du mode glissant exige la convergence de la trajectoire d'état vers la surface de glissement au moins dans un voisinage de cette dernière, cela signifie que le point représentatif doit approcher la surface au moins asymptotiquement. Cette condition suffisante pour le mode glissant est dite condition d'atteignabilité. Le plus large voisinage de S pour lequel la condition d'atteignabilité est satisfaite s'appelle région d'attraction.

(v) **Mode d'atteignabilité :** la trajectoire d'état sous la condition d'atteignabilité est appelée mode d'atteignabilité ou phase d'atteignabilité.

Remarque: dans le cas des surfaces de commutation linéaires, leur nombre total est égal à $2^m - 1$, à savoir:

1. m surfaces $S_i = \{ x / s_i(x) = 0 \}$, $i = 1,...,m$ de dimension $(n-1)$;

2. $\begin{pmatrix} m \\ 2 \end{pmatrix} = \dfrac{m!}{2!(m-2)!} = \dfrac{m(m-1)}{2}$ surfaces S_{ij}, $i,j = 1,...,m$, $i \neq j$ de dimension

$(n-2)$, correspondant à l'intersection de deux surfaces: $S_{ij} = S_i \cap S_j$;

3. $\begin{pmatrix} m \\ 3 \end{pmatrix}$ surfaces de dimension $(n-3)$, $S_{ijk} = S_i \cap S_j \cap S_k$, $i,j,k = 1,...,m$, $i \neq j \neq k$;

4. Finalement, une seule surface de dimension (n-m), qui est l'intersection de toutes les surfaces: $S_E = \{ x \, / \, s(x) = 0 \} = S_1 \cap S_2 \cap ... \cap S_m$.

On peut constater qu'il y a plusieurs façons avec lesquelles un mode glissant peut commencer: elles sont appelées plans de commutation. Le mode glissant associé à la surface de glissement S_E peut être appelé mode glissant idéal, et la dynamique du système associée à cette surface est considérée par plusieurs auteurs comme l'unique mode glissant [2].

Après la définition de tous les concepts de base, les procédures de conception de la commande par mode glissant les plus utilisées seront présentées dans les paragraphes suivants. D'une façon générale, la synthèse de la commande par mode glissant consiste en deux parties: D'abord, la surface de glissement, habituellement d'ordre inférieur à celui du système à commander, doit être construite telle que la performance du système, pendant le mode glissant, remplisse les objectifs désirés. En second lieu, la loi de commande à commutation est conçue de manière qu'elle assure la vérification de la condition d'atteignabilité et ainsi conduit la trajectoire d'état vers la surface de glissement en un temps fini en l'obligeant d'y rester ensuite [1], [2], [3], [4].

1.3.2 Synthèse de la surface de glissement

Pour des raisons de simplicité, nous nous limitons au cas des surfaces de commutation linéaires. D'ailleurs, il est suffisant de considérer uniquement les systèmes certains, sans incertitudes et perturbations. Dans la suite, nous rappèlerons quelques méthodes usuelles utilisées pour la définition du comportement dynamique du système en mode glissant.

1.3.2.1 Méthode de la commande équivalente

Les systèmes de commande à structure variable sont modélisés par des équations différentielles présentant des discontinuités, suite à la commutation de la commande. L'une des méthodes les plus utilisées et les plus formalisées mathématiquement est la méthode de la commande équivalente [2]. Cette dernière est déterminée en considérant que $\dot{s}(x) = 0$ est une condition nécessaire d'existence du mode glissant puisque elle permet, à la trajectoire d'état, de rester sur la surface de glissement $s(x) = 0$. Ainsi on peut écrire d'une façon générale pour le système caractérisé par (1.7):

$$\dot{s}(x) = \frac{\partial s}{\partial x}\dot{x} = \frac{\partial s}{\partial x}Ax + \frac{\partial s}{\partial x}Bu = 0 \tag{1.9}$$

ce qui permet d'obtenir la commande équivalente u_{eq} à travers l'expression suivante:

$$u_{eq} = -\left(\frac{\partial s}{\partial x}B\right)^{-1}\frac{\partial s}{\partial x}Ax \tag{1.10}$$

Cette expression n'est valide bien sûr que si $\frac{\partial s}{\partial x}B$ est non singulière.

La substitution de la commande équivalente dans (1.7), en remplaçant u par u_{eq}, permet d'obtenir l'équation d'état en mode glissant décrite par :

$$\dot{x} = \left[I - B\left(\frac{\partial s}{\partial x}B\right)^{-1}\frac{\partial s}{\partial x}\right]Ax \tag{1.11}$$

Un cas particulièrement important à considérer est celui où la surface de commutation est choisie linéaire telle que:

$$s(x) = Kx \tag{1.12}$$

où $K \in \mathbb{R}^{m \times n}$ est un gain de retour d'état à déterminer. Par conséquent: $\frac{\partial s}{\partial x} = K$, ce qui conduit aux expressions suivantes de la commande équivalente et de l'équation du système en mode glissant:

$$u_{eq} = -(KB)^{-1}KAx \tag{1.13}$$

$$\dot{x} = \left[I - B(KB)^{-1}K\right]Ax \tag{I.14}$$

Il est intéressant de remarquer que les dynamiques du système en mode glissant sont d'ordre $\langle n - m \rangle$ inférieur au système original $\langle n \rangle$. Cette réduction d'ordre est explicable par le nombre de variables d'état contraintes par la relation $s(x) = 0$.

En posant :

$$G = -(KB)^{-1}KA \tag{1.15}$$

$G \in \mathbb{R}^{m \times n}$ est une matrice de retour d'état, les équations (1.13) et (1.14) peuvent être réécrites comme suit :

$$u_{eq} = Gx \tag{1.16}$$

$$\dot{x} = (A + BG)x \tag{1.17}$$

D'où on peut conclure que les dynamiques du système en boucle fermée peuvent être fixées par un choix judicieux du gain G. en d'autres termes, le choix de G peut être fait sans connaissance de la forme de la commande à commutation u [4].

Parmi plusieurs approches, qui peuvent être utilisées pour la détermination de G, nous nous limitons à celle basée sur la technique de placement des pôles grâce aux avantages qu'elle offre, surtout la liberté allouée au concepteur pour le choix des dynamiques [2], [3], [4], [5]. Avant de passer à la présentation de cette technique pour la synthèse de la surface de glissement, il est intéressant de citer une autre propriété du mode glissant qui est l'invariance par rapport à une transformation linéaire [5], [6].

1.3.2.2 Invariance par rapport à une transformation linéaire

Par un changement de base défini par $x_t = Tx$, la représentation d'état (1.7) devient :

$$\dot{x}_t = A_t x_t + B_t u \tag{1.18}$$

avec :

$$A_t = TAT^{-1} \qquad \text{et} \qquad B_t = TB$$

La surface de commutation s'écrit alors sous la forme suivante :

$$s(x_t) = K_t x_t \tag{1.19}$$

où K_t est le nouveau vecteur de contre réaction donné par :

$$K_t = KT^{-1} \tag{1.20}$$

Comme on l'a montré, on a en mode glissant $s(x) = 0$ et $\dot{s}(x) = 0$. Pour le système (1.18), on obtient donc :

$$\dot{s}(x_t) = K_t \dot{x}_t = K_t(A_t x_t + B_t u) = 0 \tag{1.21}$$

En posant u=u$_{eq}$, la grandeur de commande équivalente devient :

$$u_{eq} = -(K_t B_t)^{-1} K_t A_t x_t \tag{1.22}$$

Il est facile de vérifier, à partir de (1.18) et (1.20), la validité des relations suivantes:

$$K_t B_t = KT^{-1}TB = KB$$
$$K_t A_t x_t = KT^{-1}TAT^{-1}Tx = KAx \tag{1.23}$$

ce qui montre l'invariance de la commande équivalente u_{eq} par changement de base.

Lorsqu'on introduit l'expression de u_{eq}, donnée par (1.22), dans l'équation d'état du système transformé en mode glissant, on obtient :

$$\dot{x}_t = A_{gt} x_t \tag{1.24}$$

avec :

$$A_{gt} = \left(I - (K_t B_t)^{-1} B_t K_t\right) A_t \tag{1.25}$$

1.3.2.3 Cas des systèmes monovariables

Dans le cas des systèmes monovariables, la commande u de l'équation d'état (1.7) est scalaire ($u \in \mathbb{R}$). Compte tenue du principe d'invariance précité, on commence par la détermination du vecteur de contre réaction d'état pour la forme de commandabilité puis on en déduit celui dans la base initiale [4], [5], [6].

L'équation caractéristique du système en mode glissant est donnée par :

$$\det(pI - A_g) = p^n + \alpha_{n-1}p^{n-1} + \cdots + \alpha_1 p + \alpha_0 = 0 = \prod_{i=1}^{n}(p\text{-}p_i) \quad (1.26)$$

où p_i, i=1,…,n, désignent les pôles

Dans le cas de la forme compagnon, la matrice A_c et le vecteur B_c du système à commander, sont donnés par :

$$A_c = \begin{bmatrix} 0 & 1 & 0 & \cdots & 0 \\ 0 & 0 & 1 & \cdots & 0 \\ \vdots & \vdots & \vdots & \cdots & \vdots \\ 0 & 0 & 0 & \cdots & 1 \\ -a_0 & -a_1 & -a_2 & \cdots & -a_{n-1} \end{bmatrix}, B_c = \begin{bmatrix} 0 \\ 0 \\ \vdots \\ 0 \\ 1 \end{bmatrix} \quad (1.27)$$

L'indice c associé aux matrices A et B indique qu'il s'agit de la forme compagnon qui sera utilisée pour la détermination du vecteur de la contre réaction d'état K_c. Pour ce faire, ce dernier sera exprimé sous la forme suivante :

$$K_c = \begin{bmatrix} k_{c1} & k_{c2} & \cdots & k_{c,n} \end{bmatrix} \quad (1.28)$$

ce qui donne :

$$K_c B_c = k_{c,n} \quad (1.29)$$

Ainsi, on a :

$$I - (K_c B_c)^{-1} B_c K_c = \begin{bmatrix} 1 & 0 & \cdots & 0 \\ 0 & 1 & \cdots & 0 \\ \vdots & \vdots & & \vdots \\ 0 & 0 & 1 & 0 \\ -\kappa_{c,1} & -\kappa_{c,2} & -\kappa_{c,n-1} & 0 \end{bmatrix} \quad (1.30)$$

avec :

$$\kappa_{c,i} = \frac{k_{c,i}}{k_{c,n}} \qquad i = 1, \ldots, n\text{-}1 \quad (1.31)$$

et la matrice A_{gc} s'écrit alors sous la forme :

$$A_{gc} = \left(I - (K_c B_c)^{-1} B_c K_c \right) A_c = \begin{bmatrix} 0 & 1 & 0 & \cdots & 0 \\ 0 & 0 & 1 & \cdots & 0 \\ \vdots & \vdots & \vdots & & \vdots \\ 0 & 0 & 0 & \cdots & 1 \\ 0 & -\kappa_{c1} & -\kappa_{c2} & \cdots & -\kappa_{c,n-1} \end{bmatrix} \qquad (1.32)$$

Il est clair que la matrice A_{gc} (et par suite A_g) est une matrice singulière de forme compagnon; elle peut être réécrite sous la forme :

$$A_{gc} = \begin{bmatrix} 0 & 1 & 0 & \cdots & 0 \\ 0 & 0 & 1 & \cdots & 0 \\ \vdots & \vdots & \vdots & & \vdots \\ 0 & 0 & 0 & \cdots & 1 \\ -\alpha_0 & -\alpha_1 & -\alpha_2 & \cdots & -\alpha_{n-1} \end{bmatrix} \qquad (1.33)$$

où les α_i, $i = 0, ..., n-1$, sont les coefficients du polynôme caractéristique.

Par comparaison des éléments des matrices (1.32) et (1.33), on a :

$$\alpha_0 = 0$$
$$\kappa_{c,i} = \alpha_i, \quad i = 1, ..., \quad n-1 \qquad (1.34)$$

Cette dernière relation donne les coefficients $\kappa_{c,i}$ d'où :

$$k_{c,i} = \kappa_{c,i} \; k_{c,n} = \alpha_i \; k_{c,n} \qquad (1.35)$$

Il est montré, dans la littérature, que le coefficient $k_{c,n}$ peut ainsi être choisi arbitrairement [5].

D'après Viète [5], on a :

$$\alpha_0 = (-1)^n \prod_{i=1}^{n} (p_i) \qquad (1.36)$$

Donc pour satisfaire $\alpha_0 = 0$, il faut placer au moins un pôle à l'origine. Soit, par exemple, p_n.

On a obtenu le vecteur de la contre réaction d'état valable pour la forme compagnon. En réalité, il faut mettre en contre réaction le système initial. Dans ce but, on doit appliquer une transformation linéaire, telle que :

$$x_c = Tx \qquad (1.37)$$

On peut alors écrire :

$$K_c x_c = K_c T x = K x \qquad (1.38)$$

Le vecteur de la contre réaction d'état du système initial s'obtient à partir de la relation :

$$K = K_c T \qquad (1.39)$$

A noter qu'il n'est pas nécessaire de transformer le système original sous la forme compagnon mais il est suffisant de disposer seulement de la matrice de passage T. En effet, les coefficients du vecteur ligne K_c ne dépendent que des coefficients α_i de l'équation caractéristique du fonctionnement en mode glissant.

Pour déterminer la matrice de passage T à la forme compagnon, on a d'après (1.37):

$$A_c T = TA, \qquad B_c = TB \qquad (1.40)$$

On met la matrice de passage T sous la forme suivante :

$$T = \begin{bmatrix} t_1 \\ t_2 \\ \vdots \\ t_n \end{bmatrix} \qquad (1.41)$$

où t_i, $i = 1,...,n$, représente la i-ème ligne de la matrice T.

Ainsi, compte tenu de la définition de la forme canonique, on peut écrire

$$\begin{bmatrix} 0 & 1 & 0 & \cdots & 0 \\ 0 & 0 & 1 & \cdots & 0 \\ \vdots & \vdots & \vdots & \cdots & \vdots \\ 0 & 0 & 0 & \cdots & 1 \\ -a_0 & -a_1 & -a_2 & \cdots & -a_{n-1} \end{bmatrix} \begin{bmatrix} t_1 \\ t_2 \\ \vdots \\ t_{n-1} \\ t_n \end{bmatrix} = \begin{bmatrix} t_1 \\ t_2 \\ \vdots \\ t_{n-1} \\ t_n \end{bmatrix} A \qquad (1.42)$$

En décomposant cette équation matricielle, on aboutit à un système d'équations de la forme :

$$\begin{cases} t_2 = t_1 A \\ t_3 = t_2 A = t_1 A^2 \\ \vdots \\ t_n = t_{n-1} A = t_1 A^{n-1} \end{cases} \qquad (1.43a)$$

et

$$-a_0 t_1 - a_1 t_2 - ... - a_{n-1} t_n = t_n A \qquad (1.43b)$$

De plus, on a :

$$\begin{bmatrix} 0 \\ 0 \\ \vdots \\ 0 \\ 1 \end{bmatrix} = \begin{bmatrix} t_1 \\ t_2 \\ \vdots \\ t_{n-1} \\ t_n \end{bmatrix} B \qquad (1.44)$$

Les expressions (1.43) et (1.44) peuvent être mises sous la forme matricielle suivante :

$$t_1 \begin{bmatrix} B & AB & \cdots & A^{n-2}B & A^{n-1}B \end{bmatrix} = \begin{bmatrix} 0 & 0 & \cdots & 0 & 1 \end{bmatrix} \quad (1.45)$$

Ainsi, la première ligne de la matrice de passage s'obtient par :

$$t_1 = \begin{bmatrix} 0 & 0 & \cdots & 0 & 1 \end{bmatrix} Q_c^{-1} \quad (1.46)$$

où Q_c est la matrice de commandabilité donnée par:

$$Q_c = \begin{bmatrix} B & AB & \cdots & A^{n-2}B & A^{n-1}B \end{bmatrix} \quad (1.47)$$

Les autres lignes se calculent à partir de la première. A savoir :

$$T = \begin{bmatrix} t_1 \\ t_1 A \\ \vdots \\ t_1 A^{n-2} \\ t_1 A^{n-1} \end{bmatrix} \quad (1.48)$$

En résumé, pour la procédure suivie pour les cas des systèmes monovariables, on donne les étapes nécessaires pour la synthèse de la surface de glissement par l'approche de placement de pôles :

1. les coefficients $a_0, \ldots, a_{n-1}$ du polynôme caractéristique de la matrice A sont connus,

2. par l'utilisation de la transformation non singulière $x_c = Tx$, le système (1.7) est réduit à la forme compagnon ; la matrice T est déterminée par les équations (1.46) et (1.47),

3. le polynôme caractéristique du système en boucle fermée est déterminé à travers les pôles p_i qu'on désire placer :

$$\prod_{i=0}^{n-1} (p - p_i) = p^n + \alpha_{n-1} p^{n-1} + \ldots + \alpha_0$$

Il faut noter que l'un des pôles doit être choisi nul, on prend par la suite $\alpha_0 = 0$,

4. le vecteur de retour d'état du système caractérisé par la forme compagnon est déterminé par : $K_c = \begin{bmatrix} \alpha_1 & \alpha_2 & \cdots & \alpha_{n-1} & 1 \end{bmatrix}$ puisque la n-ième composante peut être choisie librement; elle est égale à 1

5. le vecteur de retour d'état du système original est déterminé par : $K = K_c T^{-1}$ et par la suite la surface de glissement est déduite facilement de la relation $s(x) = Kx$.

1.3.2.4 Cas des systèmes multivariables

Dans le cas des systèmes multivariables, la commande u de l'équation d'état (1.7) est un vecteur à m entrées ($u \in \mathbb{R}^m$). La matrice de commande $B \in \mathbb{R}^{n \times m}$ est supposée d'ordre plein, i.e:

$rang(B) = m$. Pour rendre aisée la détermination du gain K de l'équation (1.12), il est judicieux de commencer par mettre la matrice B sous une forme canonique [4], [7]. Ainsi, soit P une matrice de transformation orthogonale telle que :

$$PB = \begin{bmatrix} 0 \\ I_m \end{bmatrix} \qquad (1.49)$$

où I_m est la matrice identité de dimension m; la matrice P peut être donnée par l'expression suivante:

$$P = \begin{bmatrix} \left(B^\perp\right)^+ \\ B^+ \end{bmatrix} \qquad (1.50)$$

où $B^+ \in \mathbb{R}^{m \times n}$ représente la pseudo inverse à gauche de B, elle est donnée par :

$$B^+ = \left(B^T B\right)^{-1} B^T \qquad (1.51)$$

Les colonnes de $B^\perp \in \mathbb{R}^{(n-m) \times n}$ forment l'espace nul de B^T. Ainsi, en considérant le changement de base $z = Px$, la représentation d'état du système, dans la nouvelle base, est donnée par:

$$\begin{bmatrix} \dot{z}_1 \\ \dot{z}_2 \end{bmatrix} = \begin{bmatrix} A_{11} & A_{12} \\ A_{21} & A_{22} \end{bmatrix} \begin{bmatrix} z_1 \\ z_2 \end{bmatrix} + \begin{bmatrix} 0 \\ I_m \end{bmatrix} u \qquad (1.52)$$

avec :

$$z = \begin{bmatrix} z_1^T & z_2^T \end{bmatrix}^T, z_1 \in \mathbb{R}^{n-m}, z_2 \in \mathbb{R}^m \qquad (1.53)$$

où :

$$PAP^{-1} = \begin{bmatrix} A_{11} & A_{12} \\ A_{21} & A_{22} \end{bmatrix} \qquad (1.54a)$$

$$K.P^{-1} = \begin{bmatrix} K_1 & K_2 \end{bmatrix} \qquad (1.54b)$$

Notons qu'à partir de (1.51) et (1.56b), il vient que:

$$KB = KP^{-1}PB = \begin{bmatrix} K_1 & K_2 \end{bmatrix} \begin{bmatrix} 0 \\ I_m \end{bmatrix} = K_2$$

En conséquence, sans perte de généralités, on peut supposer que K_2 est non singulière (et par la suite K.B est non singulière), en plus en mode glissant on a $s(z) = 0$ qui se traduit par:

$$K_1 z_1 + K_2 z_2 = 0 \qquad (1.55)$$

Ainsi, z_2, dépendant linéairement de z_1, est exprimée par:

$$z_2 = -K_2^{-1}K_1 z_1 = F z_1 \tag{1.56}$$

avec :

$$F = -K_2^{-1}K_1 \tag{1.57}$$

Le système en mode glissant est alors régi par la représentation d'état suivante :

$$\begin{cases} \dot{z}_1 = A_{11}z_1 + A_{12}z_2 \\ z_2 = F z_1 \end{cases} \tag{1.58}$$

Cette dernière équation représente un système d'ordre $(n - m)$ dans lequel z_2 est vue comme étant une entrée de commande pour le système; désormais le comportement dynamique en mode glissant sera donné par:

$$\dot{z}_1 = (A_{11} + A_{12}F)z_1 \tag{1.59}$$

Cette procédure montre que la synthèse d'une surface de glissement appropriée est transformée à un problème de synthèse de retour d'état pour le système d'ordre réduit caractérisé par z_1. En général, si la paire (A, B) est commandable, alors la paire (A_{11}, A_{12}) est aussi commandable [4].

Ainsi, il est possible d'utiliser la méthode de placement des pôles pour déterminer le gain F tel que $(A_{11} + A_{12}F)$ possède les caractéristiques désirées. Une fois ce gain est déterminé, le gain K, en utilisant les équations (1.54) et (1.57), est donné par :

$$K = \begin{bmatrix} K_1 & K_2 \end{bmatrix} P \tag{1.60}$$

Le gain K_2 peut être sélectionné arbitrairement, un choix simple est de le fixer égal à I_m ; ce qui permet de déduire à partir de (1.56) et (1.60) que:

$$K = \begin{bmatrix} -F & I_m \end{bmatrix} P \tag{1.61}$$

1.3.3 Synthèse des lois de commande

Une fois la surface de glissement est élaborée, en fixant la dynamique désirée du système en mode glissant, il faut résoudre la seconde étape de synthèse de la commande à structure variable, appelée problème d'atteignabilité [2]. Elle se résume en la construction de lois de commande non linéaires u=f(x) conduisant la trajectoire d'état sur la surface de glissement en un temps fini et la contraignant d'y rester. Ceci est obtenu, si on satisfait une condition d'atteignabilité dans laquelle la trajectoire du système suit un mode de fonctionnement non glissant appelé mode d'atteignabilité.

1.3.3.1 Conditions d'atteignabilité

On présente dans ce paragraphe trois approches permettant de spécifier la condition d'atteignabilité.

- *Approche directe:*

Cette approche est la plus ancienne [4], elle est donnée par:

$$\begin{cases} \dot{s}_i > 0, & lorsque \quad s_i < 0 \\ \dot{s}_i < 0, & lorsque \quad s_i > 0 \end{cases} \quad i = 1,...,m \tag{1.62}$$

ou, d'une manière équivalente:

$$s_i \dot{s}_i < 0 \qquad i = 1,...,m \tag{1.63}$$

Cette condition d'atteignabilité est globale mais elle ne garantit pas un temps d'atteignabilité fini. En plus, il est très difficile de l'exploiter dans le cas des systèmes multivariables pour la détermination de la loi de commande [3].

- *Approche de Lyapunov:*

Par le choix d'une fonction candidate de Lyapunov de la forme:

$$V(x,t) = \frac{1}{2} s^T s \text{ ou} V(x,t) = \frac{1}{2} s^T M s \tag{1.64}$$

avec M est une matrice symétrique définie positive, une condition globale d'atteignabilité est alors donnée par:

$$\dot{V}(x,t) < 0 \tag{1.65}$$

L'atteignabilité en un temps fini peut être garantie si la condition (1.65) est modifiée à celle donnée par :

$$\dot{V}(x,t) < -\alpha, \qquad \alpha > 0 \tag{1.66}$$

- *Approche de la loi d'atteignabilité:*

Cette approche, proposée par Gao [8], consiste en une équation différentielle qui spécifie la dynamique du système durant le mode d'atteignabilité. En plus, elle assure la convergence vers la surface de glissement en un temps fini; elle est donnée par :

$$\dot{s}(x) = -Q\,\text{sgn}(s) - Rh(s) \tag{1.67}$$

où les gains Q et R sont des matrices diagonales avec des éléments positifs, et:

$$sign(s) = \begin{bmatrix} sign(s_1) & \cdots & sign(s_m) \end{bmatrix}^T, \qquad h(s) = \begin{bmatrix} h_1(s_1) & \cdots & h_m(s_m) \end{bmatrix}^T \tag{1.68}$$

avec:

$$sign(s_i) = \begin{cases} 1 & s_i > 0 \\ 0 & s_i = 0 \\ -1 & s_i < 0 \end{cases} \tag{1.69}$$

La fonction scalaire h_i satisfait la condition suivante:

$$s_i h_i(s_i) > 0, \quad s_i \neq 0 \tag{1.70}$$

En tenant compte des deux expressions (1.67) et (1.70) on peut conclure que cette approche garantit que: $s^T \dot{s} < 0$, en effet :

$$s^T \dot{s} = -s^T Q \operatorname{sgn}(s) - s^T Rh(s) \tag{1.71}$$

et puisque: $s^T Q \operatorname{sgn}(s) > 0$ et $s^T Rh(s) > 0$, on a: $s^T \dot{s} < 0$, ce qui prouve que cette approche vérifie la condition de l'existence du mode glissant après un temps fini [8].

1.3.3.2 Lois de commande

Le critère de choix de la commande non linéaire $u = f(x)$ est basé sur la satisfaction de la condition d'atteignabilité. Dans la littérature, il existe un nombre important de formes de commande [2], [3], [4], [8], [9]. Nous présentons, dans ce qui suit, quelques lois de commande issues de l'augmentation de la commande équivalente et de la méthode de la loi d'atteignabilité.

- **Augmentation de la commande équivalente :**

L'une des méthodes, les plus utilisées dans la synthèse de la commande, est celle basée sur l'ajout d'une composante discontinue, ou à commutation, à la commande équivalente définie par (1.13) telle que:

$$u = u_{eq} + u_n \tag{1.72}$$

u_n est ajoutée pour satisfaire la condition d'atteignabilité.

Pour une commande possédant la structure (1.72), on a d'après (1.7):

$$\dot{s}(x) = K\dot{x} = K\left[Ax + B(u_{eq} + u_n)\right]$$
$$= KAx + KBu_{eq} + KBu_n$$

d'où en utilisant (1.13):

$$\dot{s}(x) = KBu_n \tag{1.73}$$

Pour des raisons de simplification, on suppose que $KB = I_m$, quelques formes de u_n sont alors présentées :

- *Loi de commande par relais:*

Dans ce cas, la commande u prend la forme d'un relais; la forme générale est donnée par :

$$u_n = -\alpha sign(s) \tag{1.74}$$

α est une matrice diagonale à éléments $\alpha_i > 0$; le gain du relais α peut être soit constant ou dépendant de l'état $\alpha(x)$

Chaque composante de la commande vérifie la condition d'atteignabilité, en effet :

$$s_i \dot{s}_i = -\alpha_i s_i sign(s_i) < 0, \quad si \quad s_i \neq 0 \tag{1.75}$$

- *Loi de commande par retour d'état linéaire:*

$$u_n = -\alpha s(x) \tag{1.76}$$

α est définie de la même façon que le cas précédent, la condition d'atteignabilité est donnée par :

$$s_i \dot{s}_i = -\alpha_i s_i^2 < 0, \quad si \quad s_i \neq 0 \tag{1.77}$$

- *Loi de commande par retour d'état linéaire avec gains commutés:*

$$u_n = \Psi x, \ \Psi = [\psi_{ij}], \ \psi_{ij} = \begin{cases} a_{ij} < 0 & si & s_i x_j > 0 \\ b_{ij} > 0 & si & s_i x_j < 0 \end{cases} \tag{1.78}$$

La condition d'atteignabilité est vérifiée par :

$$s_i \dot{s}_i = s_i \left(\psi_{i1} x_1 + \psi_{i2} x_2 + ... + \psi_{in} x_n \right) < 0 \tag{1.79}$$

- *Vecteur unitaire:*

$$u_n = -\rho \frac{s(x)}{\|s(x)\|} \tag{1.80}$$

$\rho > 0$ est un scalaire. Donc la condition d'atteignabilité est validée par :

$$s^T \dot{s} = -\rho \|s(x)\| < 0 \tag{1.81}$$

- **Méthode de la loi d'atteignabilité**

Une fois la loi d'atteignabilité, définie par l'équation (1.67), a été sélectionnée, la loi de commande peut être déterminée en calculant la dérivée par rapport au temps de $s(x)$. A partir des équations (1.7) et (1.67), on obtient :

$$\dot{s}(x) = K[Ax + Bu] = -Q \operatorname{sgn}(s) - Rh(s) \tag{1.82}$$

Notons que la condition intrinsèque de l'existence du mode glissant exige que KB soit non singulière. La forme générale de la loi de commande peut être donnée par :

$$u(x) = -(KB)^{-1}[KAx + Q \operatorname{sgn}(s) + Rh(s)] \tag{1.83}$$

Le choix de *h(s)*, Q et R permet de spécifier la vitesse d'atteignabilité et il en résulte différentes structures de la loi de commande. Nous présentons, dans ce qui suit, les trois formes les plus utilisées [8].

- *Loi à vitesse constante:*

Cette loi est obtenue en conservant seulement la composante non linéaire dans (1.67):

$$\dot{s}(x) = -Q \operatorname{sgn}(s) \tag{1.84}$$

Cette structure permet à la trajectoire d'état d'atteindre la surface de glissement s_i avec une vitesse constante $|\dot{s}_i| = q_i$. La loi de commande résultante correspond à celle d'un relais à gain constant.

- *Loi à vitesse constante et proportionnelle:*

Dans ce cas $h(s) = s$, d'où on a :

$$\dot{s}(x) = -Q \operatorname{sgn}(s) - Rs \tag{1.85}$$

La commande résultante est la somme d'un terme à relais et d'un retour linéaire. Le terme $(-Rs)$ permet à la trajectoire d'état d'atteindre la surface de glissement plus rapidement lorsque s est large. Le temps d'atteignabilité correspondant au mouvement de la trajectoire d'état x à partir d'une condition initiale x_0 vers la surface de glissement s_i est fini, [8]. Il est donné par :

$$t_{r,i} = \frac{1}{r_i} Log\left(\frac{r_i \, |s_i(o)| + q_i}{q_i}\right) \tag{1.86}$$

- *Loi à vitesse non entière:*

Cette variante est obtenue en choisissant:

$$\dot{s}_i = -r_i \, |s_i|^\alpha \, sign(s_i), \quad 0 < \alpha < 1, \ i = 1,...,m \tag{1.87}$$

Dans ce cas, la vitesse d'atteignabilité est plus rapide, lorsque la trajectoire d'état est loin de la surface de glissement, et elle est plus faible lorsqu'elle est proche de celle-ci.

1.4 Application à la commande des systèmes singulièrement perturbés

1.4.1 Présentation des systèmes singulièrement perturbés

1.4.1.1 Définition d'un système singulièrement perturbé

Un système linéaire est dit singulièrement perturbé à deux échelles de temps s'il peut être décomposé en deux sous systèmes dont l'un est caractérisé par des variables évoluant lentement et l'autre par des variables évoluant beaucoup plus rapidement que les précédentes [10], [11], [12], [13], [14], [15].

Le comportement de tels systèmes peut être décrit de la manière suivante :

- Dans une première phase, durant laquelle les variables rapides répondent instantanément, les variables lentes n'ont pratiquement pas varié,

- Durant la deuxième phase, les variables lentes imposent l'évolution du système global.

1.4.1.2 Séparabilité des dynamiques

On considère le système linéaire invariant régi par l'équation d'état dont les matrices sont partitionnées sous la forme suivante :

$$\begin{bmatrix} \dot{x}_1 \\ \dot{x}_2 \end{bmatrix} = \begin{bmatrix} A_{11} & A_{12} \\ A_{21} & A_{22} \end{bmatrix} \begin{bmatrix} x_1 \\ x_2 \end{bmatrix} + \begin{bmatrix} B_1 \\ B_2 \end{bmatrix} u \qquad (1.88)$$

avec:

$x = \begin{bmatrix} x_1^T & x_2^T \end{bmatrix}$: vecteur de l'état,

$x_1 \in \mathbb{R}^{n_1}, x_2 \in \mathbb{R}^{n_2}$,

$u \in \mathbb{R}$, et $n = n_1 + n_2$

A_{11} de dimension (n_1, n_1)

A_{12} de dimension (n_1, n_2)

A_{21} de dimension (n_2, n_1)

A_{22} de dimension (n_2, n_2)

Ce système est à double échelles de temps, s'il peut être décomposé en deux sous systèmes (S_s) et (S_f) respectivement de matrices caractéristiques, A_s et A_f, telles que [13] :

$$\begin{bmatrix} \dot{x}_s \\ \dot{x}_f \end{bmatrix} = \begin{bmatrix} A_s & 0 \\ 0 & A_f \end{bmatrix} \begin{bmatrix} x_s \\ x_f \end{bmatrix} + \begin{bmatrix} B_s \\ B_f \end{bmatrix} u \qquad (1.89)$$

avec :

$|\lambda_{\max}(A_s)| << |\lambda_{\min}(A_f)|$

x_s : vecteur d'état de (S_s)

x_f : vecteur d'état de (S_f)

$\lambda_i(A)$: valeur propre de A, $i = 1,...,n$

Il est possible, pour de tels systèmes, de localiser, dans le plan complexe, les modes lents à l'intérieur d'un cercle, de rayon R_1 et les modes rapides à l'extérieur d'un cercle de rayon R_2, tels que $R_1 << R_2$ [11], [12], [13], [15].

Le principe de la technique des perturbations singulières consiste à trouver R_1, R_2 et un petit paramètre $\varepsilon = R_1 R_2^{-1}$ tel que $\varepsilon << 1$ [13], [15].

Afin d'éviter le passage par la détermination des valeurs propres d'une matrice, les approches utilisées s'orientent vers l'utilisation des normes matricielles pour la localisation aisée des modes de la matrice caractéristique du système étudié [16].

Ainsi pour vérifier les conditions de séparabilité des échelles de temps il suffit de satisfaire une condition sur les normes matricielles, dite condition de Kokotovic [16], se présentant sous la forme suivante :

$$\left\| A_{22}^{-1} \right\| (\| A_0 \| + \| A_{12} \| \| L_0 \|) \leq \frac{1}{3} \tag{1.90}$$

avec :

$$L_0 = -A_{22}^{-1} A_{21} \tag{1.91}$$

$$A_0 = A_{11} + A_{12} L_0 \tag{1.92}$$

1.4.1.3 Conditionnement de la matrice caractéristique

Si le système régi par l'équation d'état (1.88) ne vérifie pas la condition de séparabilité des échelles du temps, il est nécessaire de procéder à un réarrangement des lignes et des colonnes de la matrice d'état en utilisant une matrice de passage, dite de permutation, qui permettrait de sélectionner les variables supposées lentes et les variables supposées rapides.

Si de même la nouvelle matrice d'état ne satisfait pas la condition de séparabilité, un calibrage de cette matrice s'avère nécessaire. Ce calibrage peut être obtenu par un changement de base diagonal qui laisse inchangés les termes diagonaux et effectue un conditionnement de la matrice initiale [15], [16].

1.4.1.4 Modèle singulièrement perturbé

Considérons le modèle sous la forme singulièrement perturbée suivant :

$$\begin{bmatrix} \dot{x} \\ \varepsilon \dot{z} \end{bmatrix} = \begin{bmatrix} A_{11} & A_{12} \\ A_{21} & A_{22} \end{bmatrix} \begin{bmatrix} x \\ z \end{bmatrix} + \begin{bmatrix} B_1 \\ B_2 \end{bmatrix} u \tag{1.93}$$

Dans les applications, ε peut représenter les réactances des machines pour les systèmes de puissance, les constantes de temps des actionneurs pour les systèmes industriels de commande, une quantité d'un enzyme dans le domaine de la biochimie [14].

Ce système est décomposé en deux sous-systèmes [13]:

- Un système rapide prépondérant, pour t proche de t_0, $t \in [t_0, t_r]$,

- Un système lent dont le comportement est semblable à celui du système global lorsque t tend vers l'infini, $t \in [t_r, \infty[$.

1.4.2 Commande par mode glissant des systèmes singulièrement perturbés

1.4.2.1 Commande du sous système lent

Le modèle réduit lent est obtenu en considérant que les variables rapides z ont atteint le régime établi, ce qui correspond à poser dans (1.93), $\varepsilon = 0$ [11], [12], [13]. Le modèle réduit lent est alors caractérisé par :

$$\begin{cases} \dot{x}_s = A_{11}x_s + A_{12}z_s + B_1u_s \\ 0 = A_{21}x_s + A_{22}z_s + B_2u_s \end{cases} \qquad (1.94)$$

Si A_{22} est inversible, alors le système lent peut dans ce cas s'écrire :

$$\begin{cases} \dot{x}_s = A_0x_s + B_0u_s \\ z_s = h(x_s) \end{cases} \qquad (1.95)$$

avec :

x_s : vecteur d'état du système lent

$$A_0 = A_{11} - A_{12}A_{22}^{-1}A_{21} \qquad (1.96)$$

$$B_0 = B_1 - A_{12}A_{22}^{-1}B_2 \qquad (1.97)$$

$$h(x_s) = -A_{22}^{-1}[A_{21}x_s + B_2u_s] \qquad (1.98)$$

Pour garantir la stabilité du système lent, en boucle fermée, on utilise une surface de glissement de la forme :

$$S_s(x_s) = K_sx_s \qquad (1.99)$$

Il est nécessaire alors de déterminer à présent, une loi de commande u_s qui conduit, en temps fini, les trajectoires d'état du système lent jusqu'à la surface de glissement $S_s(x_s) = 0$; elle doit donc satisfaire les conditions d'existence et d'atteignabilité du mode glissant telle que [17], [18], [19], [20] :

$$S_s\dot{S}_s < 0 \qquad (1.100)$$

Dans ce sens, la loi de commande proposée par Gao [8] a été choisie; elle vérifie la condition d'atteignabilité (1.100), dont la surface de glissement est donnée par l'équation différentielle suivante :

$$\dot{S}_S = -q_Ssign(S_s) - r_sS_s \qquad (1.101)$$

où q_s et r_s sont deux scalaires positifs.

En utilisant les équations (1.95) et (1.99), on peut écrire :

$$\dot{S}_s(x_s) = -K_s\dot{x}_s = -K_s(A_0x_s + B_0u_s) \qquad (1.102)$$

On obtient alors l'expression de la commande u_s :

$$u_s(x_s) = -(K_sB_0)^{-1}[K_sA_0x_s + q_ssign(S_s) + r_sS_s] \qquad (1.103)$$

Il est à noter que le modèle (1.95) représente une approximation $O(\varepsilon)$ pour la partie lente du système global (1.93) [16], ce qui fait que l'approximation donnée par ce modèle et la loi de commande calculée ne sont valides que suite à une adaptation d'une action appropriée de la commande sur les dynamiques rapides du système global [18].

1.4.2.2 Commande du sous système rapide

Soit le changement de la base de temps défini par :

$$\tau = (t - t_0)/\varepsilon \qquad (1.104)$$

Le modèle rapide est alors caractérisé, dans la nouvelle base, par :

$$\frac{dz_f}{d\tau} = A_{22}z_f + B_2 u_f \qquad (1.105)$$

avec :

$z_f = z - z_s$: la partie rapide de la composante du vecteur état z,

$u_f = u - u_s$: représente la composante rapide de la loi de commande u; elle doit conduire z_f à

zéro ce qui correspond à : $z = z_s = h(x_s)$ et ainsi le modèle (1.95) devient valide.

Pour ce faire, la surface de glissement peut être choisie telle que :

$$S_f(z_f) = K_f z_f \qquad (1.106)$$

il vient, en utilisant (1.105) :

$$\dot{S}_f(z_f) = K_f \left[A_{22}\, z_f + B_2\, u_f \right] \qquad (1.107)$$

De la même façon pour le sous système lent, on utilise la loi d'atteignabilité ce qui nous permet d'écrire :

$$\dot{S}_f = -q_f sign(S_f) - r_f S_f \qquad (1.108)$$

Les relations (1.107) et (1.108) permettent d'obtenir la loi de commande u_f telle que :

$$u_f(z_f) = -\left[K_f B_2 \right]^{-1}\left[K_f A_{22}z_f + q_f sign(S_f) + r_f S_f \right] \qquad (1.109)$$

Cette loi de commande garantit que la surface de glissement S_f est atteinte en temps fini, ce qui valide ainsi le modèle réduit lent (1.95).

1.4.3 Structure de la commande composite

Les lois de commande développées pour les sous systèmes rapide et lent peuvent être combinées dans une structure de commande composite donnée par [18] :

$$u(x,z) = u_s(x) + u_f(z - h(x)) \qquad (1.110)$$

soit, en utilisant les expressions (1.99), (1.103), (1.106) et (1.109), on obtient :

$$\begin{aligned} u(x,z) = &-(K_s B_0)^{-1}\left[K_s A_0 x + q_s sign(S_s(x)) + r_s S_s(x) \right] \\ &-(K_f B_2)^{-1}\left[K_f A_{22}(z - h(x)) + q_f sign(K_f(z - h(x))) \right] \end{aligned} \qquad (1.111)$$

avec :

$$h(x) = -A_{22}^{-1}\left[A_{21}x + B_2 u_s\right] \tag{1.112}$$

Nous allons démontrer que cette nouvelle loi de commande satisfait les conditions d'atteignabilité pour le système global (1.93).

1.4.3.1 Atteignabilité dans l'échelle de temps τ

On introduit alors une nouvelle variable :

$$\eta = z - h(x) \tag{1.113}$$

et on réécrit le système global (1.93) dans l'échelle de temps τ définie par (1.104), il vient :

$$\frac{dx}{d\tau} = \varepsilon\left[A_{11}x + A_{12}z + B_1 u_f\right] \tag{1.114}$$

$$\frac{d\eta}{d\tau} = \frac{dz}{d\tau} - \frac{dh(x)}{d\tau} = \frac{dz}{dt}\frac{dt}{d\tau} - \frac{dh(x)}{d\tau} \tag{1.115}$$

Donc :

$$\frac{d\eta}{d\tau} = \varepsilon\frac{dz}{dt} - \frac{dh(x)}{d\tau} = A_{21}x + A_{22}z + B_2 u - \frac{dh}{dx}\frac{dx}{d\tau} \tag{1.116}$$

avec :

$$\frac{dh(x)}{dx} = -A_{22}^{-1}\left[A_{21} + B_2\frac{du_s}{dx}\right] \tag{1.117}$$

soit en utilisant (1.112) et (1.113), on obtient :

$$\frac{d\eta}{d\tau} = A_{22}\eta + B_2 u_f + A_{22}^{-1}\left[A_{21}x + B_2\frac{du_s}{dx}\right]\frac{dx}{d\tau} \tag{1.118}$$

On considère la surface de glissement donnée par :

$$S_f(\eta) = K_f\eta \tag{1.119}$$

d'où:

$$\dot{S}_f(\eta) = K_f\frac{d\eta}{d\tau} \tag{1.120}$$

ce qui permet d'obtenir, en utilisant (1.109) en remplaçant z_f par η :

$$\dot{S}_f(\eta) = -q_f sign(K_f\eta) - r_f K_f\eta + K_f A_{22}^{-1}\left[A_{21}x + B_2\frac{du_s}{dx}\right]\frac{dx}{d\tau} \tag{1.121}$$

L'objectif est de montrer que cette surface, définie pour le système global, soit atteinte en temps fini. Pour ce faire, introduisons la fonction de Lyapunov :

$$V\left(S_f\right) = \frac{1}{2}S_f^2 \tag{1.122}$$

et montrons que sa dérivée par rapport à τ est négative.

En effet, on a :

$$\dot{V}(S_f) = S_f \dot{S}_f = -q_f \left(K_f \eta \right)^T sign(K_f \eta) - r_f \left(K_f \eta \right)^T K_f \eta$$
$$+ \left(K_f \eta \right)^T K_f A_{22}^{-1} \left[A_{21} x + B_2 \frac{du_s}{dx} \right] \frac{dx}{d\tau} \tag{1.123}$$

Puisque les paramètres q_f et r_f sont positifs, les deux premiers termes sont négatifs; il reste le troisième terme qui représente l'influence des dynamiques lentes sur celles rapides.

Il est clair que d'une part $\dfrac{du_s}{dx}$ est finie et d'autre part que $\dfrac{dx}{d\tau} = O(\varepsilon)$; donc il est possible de trouver deux valeurs des paramètres q_f et r_f telles que le troisième terme soit faible, en valeur absolue, devant les deux premiers et ainsi $\dot{V}(S_f)$ est négative; ce qui garantit bien les conditions d'atteignabilité du système global dans l'échelle de temps rapide [18].

1.4.3.2 Atteignabilité dans l'échelle de temps t

En utilisant le changement de variable (1.113), le système (1.93) peut être réécrit de la façon suivante :

$$\begin{cases} \dot{x} = A_{11}x + A_{12}(\eta + h(x)) + B_1 u \\ \varepsilon \dot{z} = A_{21}x + A_{22}(\eta + h(x)) + B_2 u \end{cases} \tag{1.124}$$

ou encore en utilisant (1.95) et (1.112) :

$$\begin{cases} \dot{x} = A_0 x + A_{12}\eta + B_0 u_s \\ \varepsilon \dot{z} = A_{22}\eta + B_2 u_f \end{cases} \tag{1.125}$$

De la même façon, on doit montrer que la surface de glissement définie par :

$$S_s(x) = K_s x \tag{1.126}$$

est atteinte en temps fini; pour ce faire, on choisit une fonction de Lyapunov de la même forme que précédemment :

$$V(S_s) = \frac{1}{2} S_s^2 \tag{1.127}$$

Ce qui permet d'écrire en utilisant (1.103), (1.125) et (1.126) :

$$\dot{V}(S_s) = x^T \left(K_s^T K_S \right) A_{12}\eta - q_s \left(K_s x \right)^T sign(K_s x) - r_s \left(K_s x \right) K_s x \tag{1.128}$$

De même que pour l'échelle de temps rapide, les deux derniers termes sont négatifs. Le premier terme représente l'influence des dynamiques rapides sur les dynamiques lentes.

Dès que la loi de commande u_f rend le vecteur d'état η borné, grâce à un choix particulier de S_f, il est possible de trouver deux gains q_s et r_s qui permettraient d'obtenir $\dot{V}(S_s)$ négative; ce qui satisfait bien la condition d'atteignabilité pour le système global [18].

1.4.3.3 Commande en boucles duales

La figure (1.3) donne le schéma complet de la commande en boucle duale du système initial (1.88). Le calcul de la composante lente de la commande ne nécessite, comme entrée, que les composantes lentes du système tandis que celle rapide est calculée à travers la connaissance de h(x) et les composantes rapides du système [18].

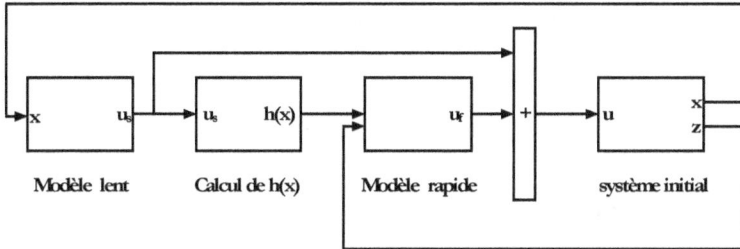

Figure (1.3) : Schéma de la commande en boucles duales

En compensant l'effet des dynamiques rapides, la commande obtenue oblige le système global à avoir le même comportement que le modèle réduit lent.

1.4.4 Application à un modèle linéarisé d'un avion

La structure de la commande par mode glissant en boucles duales proposée est appliquée à un modèle linéarisé, d'ordre 7, d'un avion [6], [22].

La représentation d'état du système est décrite selon (1.88) avec: $x_1 \in \mathbb{R}^5$ et $x_2 \in \mathbb{R}^2$ et:

$$A_{11} = \begin{bmatrix} 0 & 0 & 1 & 0 & 0 \\ 0 & -0.154 & -0.0042 & 1.54 & 0 \\ 0 & 0.249 & -1 & -5.2 & 0 \\ 0.039 & -0.966 & -0.0003 & -2.117 & 0 \\ 0 & 0.5 & 0 & 0 & -4 \end{bmatrix}, \quad A_{12} = \begin{bmatrix} 0 & 0 \\ -0.774 & -0.032 \\ 0.337 & -1.12 \\ 0.02 & 0 \\ 0 & 0 \end{bmatrix}$$

$$A_{21} = \begin{bmatrix} 0 & 0 & 0 & 0 & 0 \\ 0 & 0 & 0 & 0 & 0 \end{bmatrix}; \quad A_{22} = \begin{bmatrix} -20 & 0 \\ 0 & -25 \end{bmatrix}$$

$$B_1 = \begin{bmatrix} 0 & 0 & 0 & 0 & 0 \end{bmatrix}^T; \quad B_2 = \begin{bmatrix} 20 & 1 \end{bmatrix}^T$$

Il est clair, qu'à partir des valeurs propres de la matrice A, que le système étudié est à deux échelles de temps.

Afin de caractériser les deux modèles lent et rapide, une condition de séparabilité des dynamiques de Kokotovic donnée par (1.90), doit être vérifiée. Or celle-ci, n'est pas validée, ce qui nous a poussé alors à un changement de base définie par :

$$y = Px$$

où P est une matrice de calibrage choisie sous la forme :

$$P = diag\left\{10,\ 1,\ 4,\ 1,\ 1,\ 1,\ 1\right\}$$

Dans cette nouvelle base, la condition de Kokotovic est alors vérifiée et le modèle lent est caractérisé selon (1.95), avec :

$$A_0 = \begin{bmatrix} 0 & 0 & 0.4 & 0 & 0 \\ 0 & -0.154 & -0.017 & 1.54 & 0 \\ 0 & 0.0622 & -1 & -1.3 & 0 \\ 0.386 & -0.996 & -0.0012 & 2.117 & 0 \\ 0 & 0.5 & 0 & 0 & -4 \end{bmatrix}$$

$$B_0 = \begin{bmatrix} 0 & 0.745 & -0.073 & -0.02 & 0 \end{bmatrix}^T$$

- **Commande du sous système lent:**

La première étape nécessaire est la synthèse de la surface de glissement. La procédure détaillée de calcul de l'hypersurface de commutation est présentée au paragraphe 1.3.2:

- on commence par déterminer les coefficients du polynôme caractéristique de A_0 :

$$\det(pI_n - A_0) = p^5 + 7.271p^4 + 17.214p^3 + 18.605p^2 + 8.353p + 0.064$$

- on détermine alors la matrice de passage à la forme compagnon T selon l'expression (1.48):

$$T = \begin{bmatrix} 0.683 & -0.011 & -0.083 & -0.106 & -0.117 \\ -0.041 & 0.043 & 0.357 & 0.316 & 0.468 \\ 0.122 & -0.065 & -0.375 & -1.068 & -1.875 \\ -0.412 & 0.112 & 0.426 & 2.647 & 7.501 \\ 1.022 & 1.122 & -0.596 & -5.986 & -30.007 \end{bmatrix}$$

- on calcule les coefficients du polynôme caractéristique du système en boucle fermée avec les pôles choisis $\{\lambda_i\} = \left\{0,\ -2 \mp 2j,\ -2 \mp 3.1j\right\}$:

$$\prod_{i=0}^{4}(p - \lambda_i) = p^5 + 8p^4 + 37.61p^3 + 86.44p^2 + 108.88p$$

- on obtient alors le gain $K_{s,c}$ par:

$$K_c = \begin{bmatrix} \alpha_1 & \alpha_2 & \cdots & \alpha_{n-1} & 1 \end{bmatrix} = \begin{bmatrix} 108.88 & 86.44 & 37.61 & 8 & 1 \end{bmatrix}$$

- on déduit finalement, le gain K_s de la surface de commutation selon:

$$K_s = K_{s,c} T^{-1} = \begin{bmatrix} 73.16 & 2.12 & 10.47 & -9.15 & -12.76 \end{bmatrix}$$

La surface de glissement est alors définie. La deuxième étape, qui est le choix de la commande, est effectuée par la considération de la loi de commande u_s donnée par l'équation (1.103) avec q_s et r_s choisis tels que : $q_s = 0.15$ et $r_s = 0.25$.

- **Commande du sous système rapide:**

Pour le modèle rapide, la synthèse de la surface de glissement est effectuée de la même manière que pour le sous système lent. Donc, si les pôles en mode glissant sont choisis par $\{\lambda_i\} = \{0, \ 20\}$ alors le gain de retour d'état K_f de l'équation (1.106) est donné par:

$$K_f = \begin{bmatrix} 1 & 1 \end{bmatrix}$$

La loi de commande u_f est donnée par l'équation (1.109) avec q_f et r_f choisis tels que : $q_f = 0.15$ et $r_f = 0.25$.

Par la suite, à partir des deux commandes u_s et u_f, on en déduit la commande composite $u(x,z)$ donnée par (1.110) à appliquer au système global suivant le schéma de commande en boucles duales donné par la figure (1.3).

- **Mise en œuvre par simulation**

Les figures (1.4), (1.5) et (1.6) représentent les résultats de simulation relative au modèle rapide. L'atteignabilité vers la surface de glissement S_f est justifiée par la figure (1.4) qui montre l'évolution de la surface de glissement qui converge vers zéro ainsi que la trajectoire de phase qui confirme l'apparition du mode glissant par la convergence vers l'origine. Cette convergence est l'effet de l'action de la commande proposée $u_f(z)$ présentée par la figure (1.5). L'apparition du mode glissant pour le modèle rapide est traduite par la convergence vers zéro des variables d'état rapides comme l'indique la figure (1.6).

Les figures (1.7) et (1.8) représentent les résultats de simulation relative au modèle lent. A partir de la figure (1.7) il est clair que la surface de glissement converge vers zéro et la trajectoire de phase converge vers l'origine ainsi l'atteignabilité vers la surface de glissement S_s et l'apparition du mode glissant sont justifiées grâce à une action appropriée de la commande $u_s(x)$ donnée par la figure (1.8).

Les résultats de simulation, concernant le modèle réduit lent, sont données par les figures (1.9) et (1.10). La nature constante et proportionnelle de la loi d'atteignabilité est confirmée par la trajectoire de phase indiquée par la figure (1.9) qui montre aussi la convergence de la surface de glissement S_r vers zéro. Le mode glissant pour ce modèle est alors atteint suite à l'application de la commande u_r donnée par la figure (1.10).

Sur la figure (1.11), on présente en fonction du temps, pour les mêmes conditions initiales, l'évolution des variables d'état lentes du modèle initial, en utilisant l'approche de commande par boucles duales, et les variables d'état du modèle réduit ainsi que les erreurs entre elles. La figure (1.12) montre les mêmes résultats que ceux de la figure (1.13) mais sans prendre en considération l'effet du modèle rapide.

On remarque que, pour le premier cas, l'erreur est très faible dès le départ et elle tend à s'annuler au bout d'un temps court; tandis que dans le deuxième cas, elle est importante pendant une première phase avant de converger vers zéro. En effet, la structure de la commande composite proposée prend en considération l'effet des variables rapides sur le comportement du système global. D'autre part, elle présente, à côté de la composante non linéaire, une composante linéaire qui accélère la rapidité d'atteindre la surface de glissement. Or cette dernière composante est une fonction du vecteur d'état, et ce sont les variables rapides qui déterminent, durant une première phase, le comportement du système initial et les variables lentes s'imposent dans une deuxième phase.

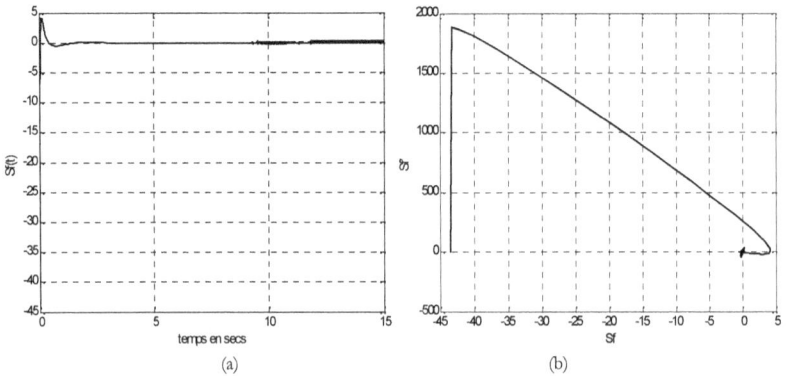

(a)   (b)

Figure (1.4) : (a) Surface de glissement S_f (b) plan de phase (S_f , $\dot{S}_f$)

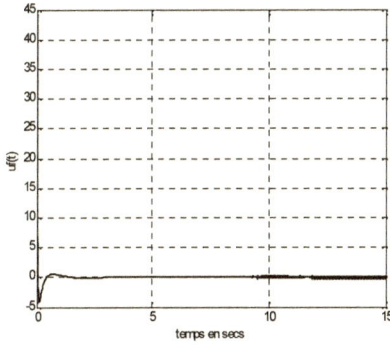

Figure (1.5) : Loi de commande u_f

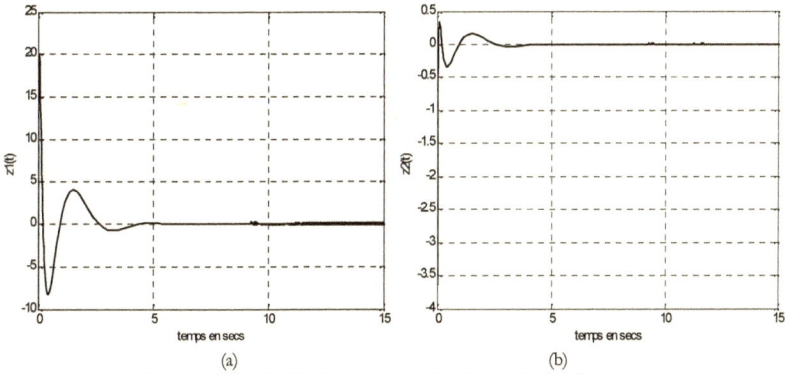

(a)   (b)

Figure (1.6) : (a) Variable d'état $z_1(t)$ (b) variable d'état $z_2(t)$

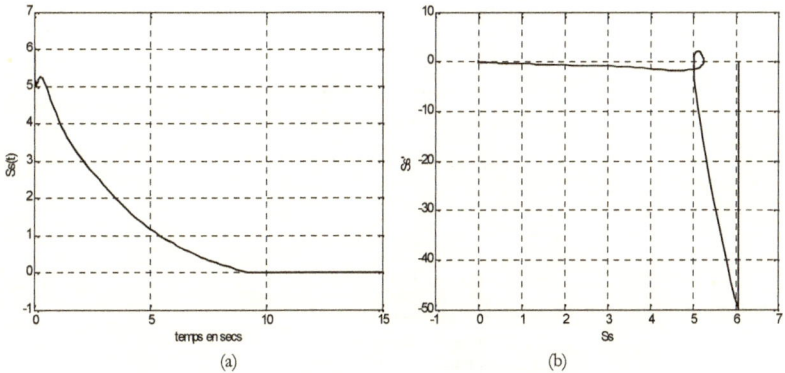

(a)   (b)

Figure (1.7) : (a) Surface de glissement S_s (b) plan de phase (S_s, $\dot{S}_s$)

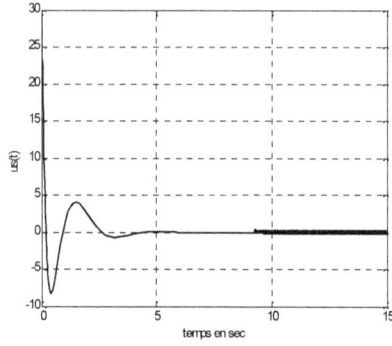

Figure (1.8): Loi de commande u_s

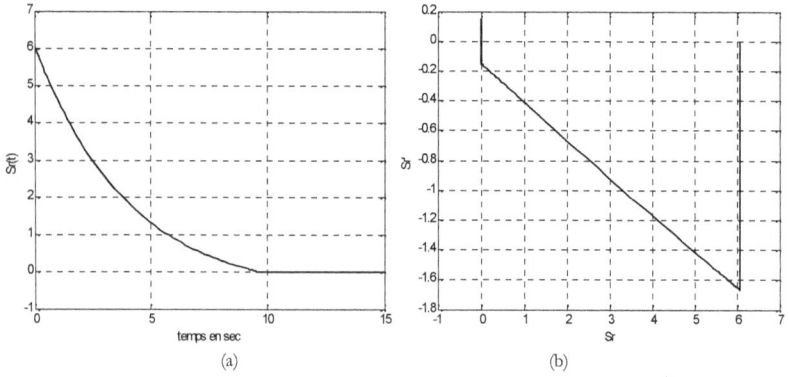

(a) (b)

Figure (1.9) : (a) Surface de glissement S_r (b) plan de phase $(S_r, \dot{S}_r)$

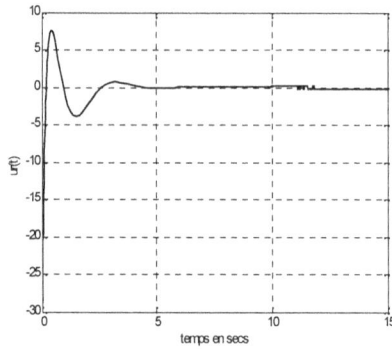

Figure (1.10): Loi de commande u_r

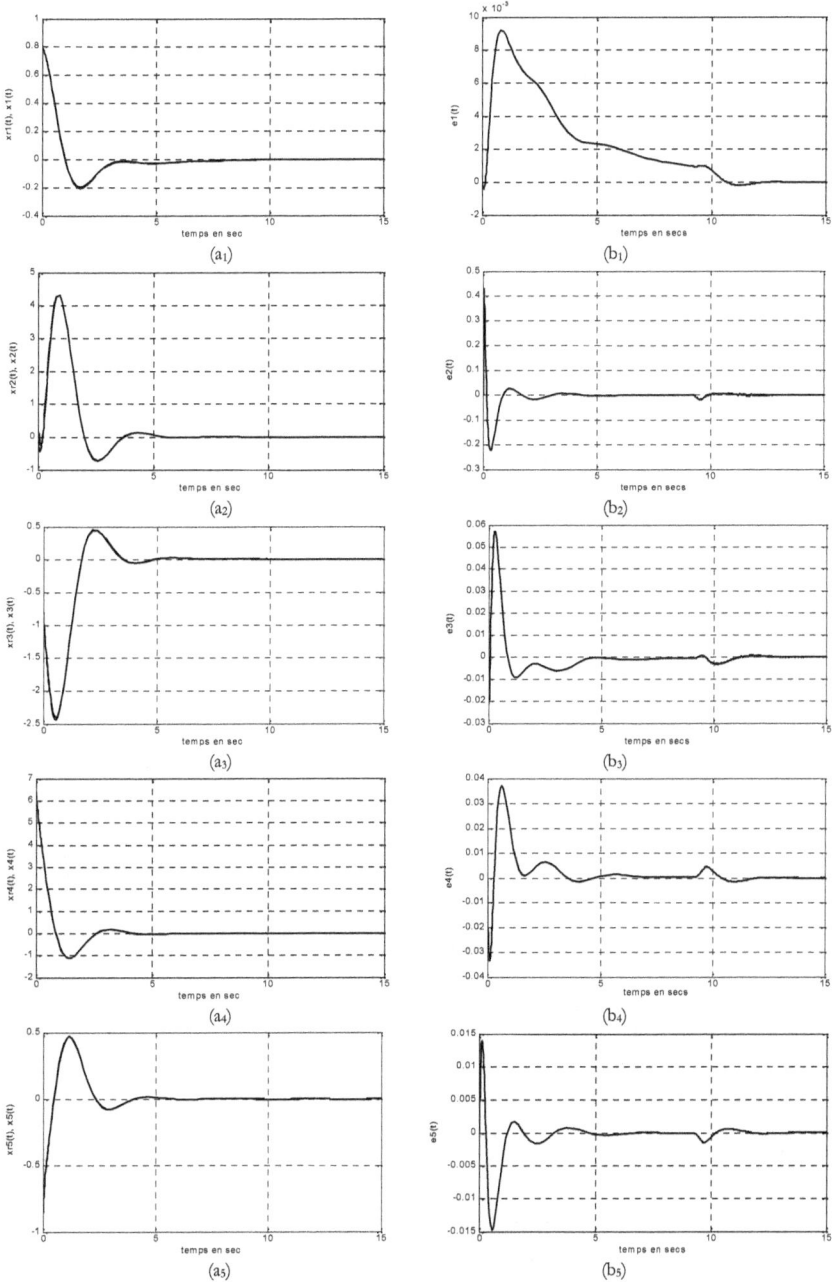

Figure (1.11) : (a_i) Variable d'état x_i (ligne continue) et $x_{r,i}$ (ligne interrompue) (b_i) erreur $x_i - x_{r,i}$

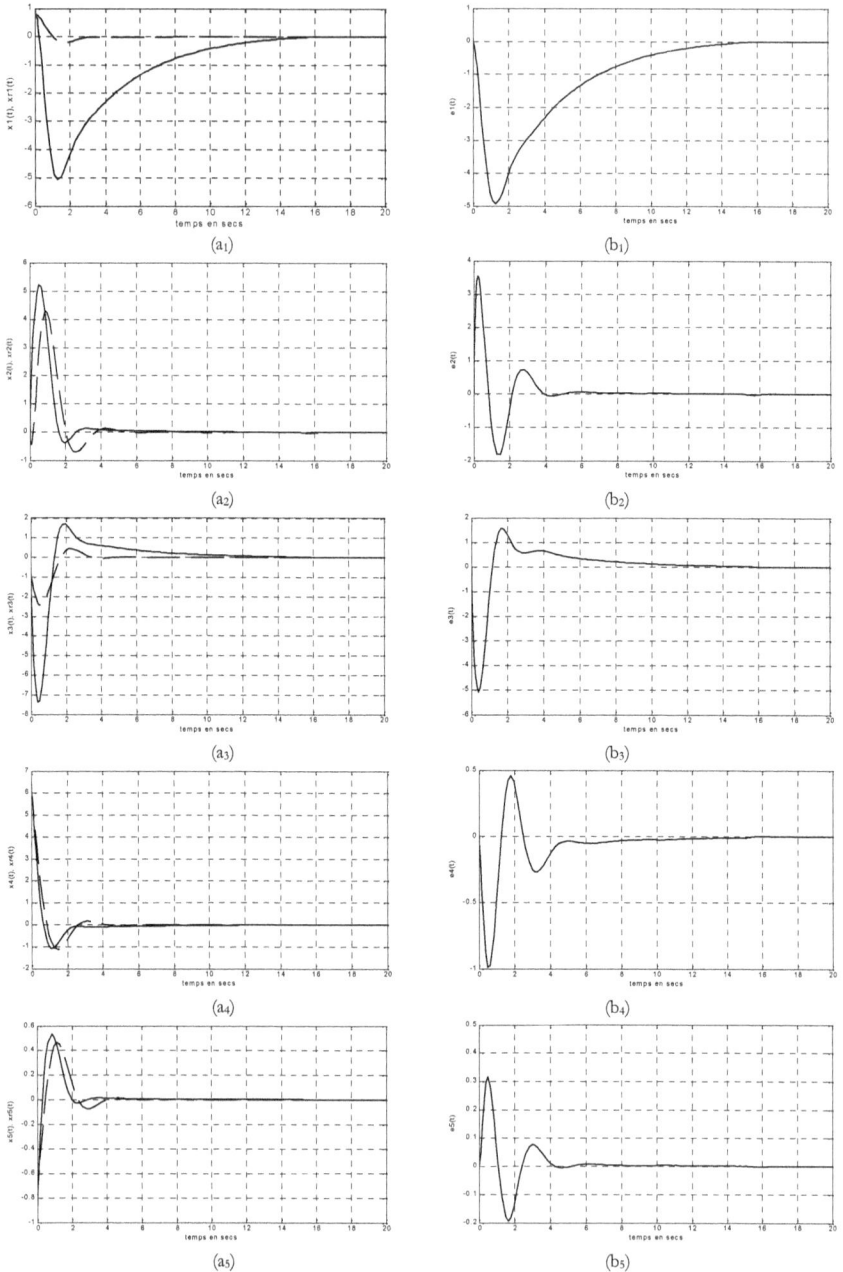

Figure (1.12) : (a_i) Variable d'état x_i (ligne continue) et $x_{r,i}$ (ligne interrompue) (b_i) erreur $x_i - x_{r,i}$ sans considération de l'effet des variables rapides

1.5 Conclusion

Dans de ce chapitre, Nous avons montré que la conception de la CMG s'articule sur deux étapes nécessaires, la première est la synthèse de la surface de glissement qui est généralement effectuée par le choix des performances et des dynamiques du système en mode glissant. Dans ce sens, l'approche basée sur la technique de placement des pôles a été détaillée. La deuxième étape est la détermination de la loi de commande par mode glissant qui doit vérifier la condition d'atteignabilité vers la surface de glissement; les formes de commande les plus appliquées ont été présentées.

La synthèse d'une approche de commande par mode glissant en boucles duales des systèmes singulièrement perturbés, utilisant la loi d'atteignabilité, a été abordée dans ce chapitre. Les résultats théoriques obtenus ont montré que, pour la structure de commande proposée, la condition d'atteignabilité est atteinte pour les deux sous modèles lent et rapide ainsi que pour le modèle global, qui a été forcé à suivre le comportement du modèle lent. La mise en œuvre, par simulation, pour le cas d'un modèle linéarisé d'un avion ainsi que pour le modèle réduit correspondant a confirmé la validité de la méthode proposée.

Nous pouvons conclure que l'efficacité de l'approche de commande par mode glissant est confirmée, dans ce premier chapitre, à travers sa combinaison avec la technique des perturbations singulières. La propriété de l'invariance en présence des incertitudes et des perturbations, sera discutée dans le deuxième chapitre.

Bibliographie du chapitre 1

[1]   V. I. Utkin (1977)

"Variable structure systems with sliding mode", IEEE Tran. Autom. Control 22(2), pp. 212–222.

[2]   J.Y. Hung, W. Gao et J. C. Hung (1993)

"Variable structure control: a survey", IEEE, Trans. Ind. Electronics, Vol. 40. No 1.

[3]   R. A. DeCarlo, S. H. Zak et G. P. Matthews (1988)

"Variable structure control of nonlinear multivariable systems: A tutorial", proceedings of the IEEE 76(3), pp. 212–232.

[4]   V. I. Utkin (1992)

"Sliding modes in control and optimization", Springer-Verlag.

[5]   H. Buhler (1986)

"Réglage par Mode de Glissement", Presses Polytechniques Normandes, Lausanne.

[6]   C. Mnasri (2004)

"Commande par mode glissant des systèmes singulièrement perturbés", Mémoire de DEA, ENIT, Tunis.

[7]   W. Perruquetti et J. P. Barbot (2002)

"Sliding mode control in engineering", Marcel Dekker, Inc.

[8]   N. Gao et J.C. Hung (1993)

"Variable structure control of nonlinear systems: a new approach", IEEE, Trans. Ind. Electronics, Vol. 40. No 1, pp. 45-55.

[9]   J. J. E Slotine et W. Li (1991)

"Applied Nonlinear Control", Prentice Hall.

[10] A. Elmoudni (1981)

"Introduction de nouveaux outils mathématiques pour la description des systèmes discrets non linéaires de grande dimension", Thèse de Doctorat, Lille, France.

[11] D. Soudani (1997)

"Sur la détermination explicite des problèmes d'analyse et de synthèse des systèmes singulièrement perturbés", Thèse de Doctorat en Génie Electrique, ENIT, Tunis.

[12] M. Benrejeb (1980)

"Sur l'analyse et la synthèse de processus complexes hiérarchisés. Application aux systèmes singulièrement perturbés", Thèse de Doctorat ès Sciences Physiques, Lille.

[13] M Gasmi (2001)

"Contribution à la modélisation et à l'étude de la stabilité des systèmes continus complexes de grande dimension. Cas des systèmes singulièrement perturbés et des systèmes dynamiques à commande floue de type TSK", Thèse de Doctorat ès Sciences Génie Electrique, ENIT, Tunis.

[14] M. Gasmi (1985)

"Sur la séparation des échelles de temps des systèmes asservis en boucle fermée", Mémoire de DEA, ENIT, Tunis.

[15] P. Borne, G. Dauphin-Tanguy, J. P. Richard, F. Rotella et I. Zambettakis (1992)

"Modélisation et Identification des Processus", tome 2, éditions Technip, Paris.

[16] P. V. Kokotovic, J. J. Allemong, J. R. Winkelman et J. H. Chow (1980)

"Singular Perturbations and Iterative Separation of Time Scales", Automatica, vol 16,

[17] M. Gasmi et C. Mnasri (2004)

"Sur la commande par mode glissant des systèmes singulièrement perturbés", JTEA'2004, article 2B-3, Hammamet 21-22 Mai, Tunisie.

[18] C. Mnasri et M. Gasmi (2006)

"Commande par mode glissant des systèmes singulièrement perturbés: approche par boucles duales", Séminaire Automatique Industrie, SAI'06, Gabès, Tunisie.

[19] M. Innocenti et A. Thikral (1997)

"Robustness of a variable structure control system for manoeuvrable flight vehicles", Journal of Guidance, Control, and Dynamics, vol. 20, N°2, pp. 337-383.

[20] M. Innocenti, L. Greco et L. Pollini (2003)

"Sliding mode control for two-time scale systems: stability issues", Automatica, vol. 39, pp. 273- 280.

[21] A. E. Ahmed, H. M. Schlwartz et V. C. Aitken (2004)

"Sliding mode control for singularly perturbed systems", 5th Asian Control Conference, pp. 1946-1950.

[22] E. Chrostopher, A. Akoachere et S. K. Spurgeon (2001)

"Sliding mode output feedback controller design using linear matrix inequalities", IEEE Trans. Autom. Control, vol. 46, N° 1, pp. 115-119.

[23] J. J. E. Slotine et S. S. Sastry (1983)

"Tracking control of nonlinear systems using sliding surfaces with application to robot Manipulators", Int. J. Control, vol. 38, N°2, pp. 465-492.

[24] B. Bandyopadhyay et S. Janardhanan (2006)

"Discrete-time sliding mode control: a multirate output feedback approach", Lecture Notes in Control and Information Sciences, Springer-Verlag, Berlin Heidelberg.

[25] A. S. Nouri (1994)

"Généralisation du régime glissant et la commande à structure variable. Application aux actionneurs classiques et à muscles artificiels", thèse de doctorat, Toulouse, France

[26] A. Yarba (2002)

"Contribution au développement des méthodes de modélisation et d'analyse de processus dynamique", Thèse de Doctorat en Génie Electrique, ENIT, Tunis.

[27] B. S. Heck (1991)

"Sliding-mode control for singularly perturbed system", International Journal of Control, vol. 53, N°4, pp. 985-1001.

[28] B. S. Heck et H. Haddad (1988)

"Singular perturbation analysis of linear system with scalar quantized control", Automatica, vol. 24, N°6, pp. 755-764.

[29] B. S. Heck et H. Haddad (1989)

"Singular perturbation in piecewise-linear system", IEEE Trans. Autom. Control, vol. 34, N°1, pp. 87-90.

[30] J. A.Gallegos et G. Silva (1997)

"Two-time scale sliding mode control for a class of nonlinear system", Int. J. Robust and Nonlinear Control, vol.7, pp. 865-879.

[31] M. Benrejeb, M. Gasmi et M. N. Abdelkrim (1986)

"Nouvelle méthode de modélisation des systèmes linéaires singulièrement perturbés : méthode du cercle", IMACS-IFAC Symposium, Lille, pp. 569-571.

[32] M. Gasmi et M. Benrejeb (2000)

"A new practical method for time-scale separation of interconnected singularly perturbed systems: triangle method", Inter. Conf. On Artificial and Computational Intelligence for Decision, Control and Automation in Engineering and Industrial Application, Monastir, Tunisia, pp. 101-105.

[33] M. Gasmi et M. Benrejeb (1996)

"A practical method for interconnected singularly perturbed systems study", CESA'96 IMACS Multiconference, Lille, France, pp. 112-117.

[34]   M. N. Abdelkrim (1985)

"Sur la modélisation et la synthèse des systèmes singulièrement perturbés. Application aux processus dynamiques", Thèse de Doctorat de Spécialité, ENIT, Tunis.

[35]   W. C. Su (1998)

"Sliding surface design for singularly perturbed systems", Proceedings of the American Control Conference Philadelphia, Pennsylvania.

[36]   L. Saydy (1996)

"New stability/performance results for singularly perturbed systems", Automatica, Vol. 32, No. 6, pp. 807-818.

Chapitre 2

Commande Robuste par Mode Glissant à Ordre Complet des Systèmes Incertains

2.1 Introduction

Les travaux présentés dans ce chapitre s'articulent essentiellement sur la synthèse robuste des lois de commande par mode glissant des systèmes incertains. En premier lieu, la notion des incertitudes est rappelée. En second lieu, nous envisagerons l'application de la commande par mode glissant à une classe particulière des systèmes multivariables incertains selon deux approches: la première basée sur la méthode classique, dite à ordre réduit, et la seconde dite, à ordre complet, repose sur l'élimination de la phase d'atteignabilité caractérisant la première. La mise en œuvre des résultats obtenus et la comparaison entre les deux approches présentées seront effectuées, par simulation, à travers un exemple numérique.

L'extension de ces résultats au cas des systèmes interconnectés, qui peuvent modéliser plusieurs processus complexes, sera par la suite considérée. La synthèse des lois de commande décentralisée des systèmes linéaires interconnectés sera ainsi proposée et validée à travers un exemple numérique. La même méthodologie est étendue aux systèmes interconnectés incertains pour aboutir à la proposition d'une commande robuste décentralisée par mode glissant à ordre complet. L'application à un modèle de double pendule inverse, sera enfin considérée.

2.2 Notion de systèmes multivariables incertains

2.2.1 Système autonome

Nous présentons dans ce paragraphe trois types d'incertitudes qui peuvent affecter un système. Pour alléger la présentation, nous nous limitons au cas des systèmes linéaires pour lesquels les termes de commande ne sont pas pris en compte.

2.2.1.1 Incertitudes non structurées paramétriques déterministes

Ce cas correspond à un système décrit par l'équation d'état suivante :

$$\dot{x}(t) = (A + \Delta A)x(t) \tag{2.1}$$

où ΔA représente l'incertitude. Cette incertitude est généralement bornée en norme (désignée par $\|.\|_\alpha$) par un scalaire a :

$$\|\Delta A\|_\alpha \leq a \tag{2.2}$$

Le qualificatif non structuré est justifié par le fait que certains paramètres de la matrice A varient (dans un intervalle) et que l'on ne dispose que d'une information globale sur ces variations. Ces incertitudes permettent de prendre en compte des dynamiques et des non linéarités négligées dans le modèle [1], [2].

2.2.1.2 Incertitudes structurées non paramétriques stochastiques

Soit un système qui est représenté par la forme suivante :

$$\dot{x}(t) = Ax(t) + H(x)w(t) \tag{2.3}$$

où $w(t)$ est un bruit blanc. Les éléments de H sont supposés linéaires par rapport à $x(t)$. Ces incertitudes peuvent être vues comme une perturbation aléatoire, intervenant sur une large bande de fréquences de la matrice A [1].

2.2.1.3 Incertitudes structurées paramétriques déterministes

Dans ce cas, la structure des incertitudes est bien connue puisqu'elle affecte chaque paramètre du système [1], [3]. Le système peut être écrit sous la forme suivante :

$$\dot{x}(t) = (A + \Delta A)x(t) \tag{2.4}$$

où:

$$\Delta A = \sum_{i=1}^{q} k_i E_i \tag{2.5}$$

Les k_i sont des paramètres incertains qui peuvent varier et la structure des matrices E_i, qui indique la façon dont les incertitudes agissent, est connue. Ces incertitudes sont dues aux variations de paramètres ou à la précision des estimations des paramètres. Ce modèle a été souvent utilisé pour des études de stabilité [1], [2], [3].

2.2.2 Système non autonome

Nous pouvons maintenant examiner le cas d'un système muni d'une commande dont la matrice d'influence présente des incertitudes :

$$\dot{x}(t) = (A + \Delta A)x(t) + (B + \Delta B)u(t) \qquad (2.6)$$

où la matrice ΔA est définie de la même façon que la matrice (2.5), la matrice B est connue et la matrice de perturbation d'entrée est définie par :

$$\Delta B = \sum_{i=1}^{q} k_i B_i \qquad (2.7)$$

Sans atteinte à la généralité, nous pouvons considérer les mêmes paramètres incertains ki que pour les perturbations de la matrice d'état. La structure des matrices B_i est également supposée connue [1].

2.3 Commande robuste de systèmes multivariables incertains

2.3.1 Description de la Classe des Systèmes Etudiée

Dans ce chapitre, nous allons envisager la synthèse de la commande robuste par mode glissant pour une classe de systèmes linéaires à incertitudes paramétriques, d'où on considère le système régi par l'équation d'état suivante :

$$\dot{x} = (A + \Delta A)x + (B + \Delta B)u + w(x,t) \qquad (2.8)$$

avec $x \in \mathbb{R}^n$ est le vecteur d'état, $u \in \mathbb{R}^m$ le vecteur de commande , $w(x,t) \in \mathbb{R}^n$ le vecteur des perturbations, $A \in \mathbb{R}^{n \times n}$ et $B \in \mathbb{R}^{n \times m}$ sont les matrices du système nominal avec $rang(B) = m < n$, et ΔA et ΔB sont des matrices d'incertitudes.

On suppose les hypothèses suivantes vérifiées :

A1. Les incertitudes sont des matrices fonctions du vecteur formé des paramètres incertains p:

$$p \in P \subset \mathbb{R}^q,\ \Delta A = \Delta A(p)\ ,\Delta B = \Delta B(p),$$

A2. Les matrices d'incertitudes et le vecteur de perturbation vérifient l'hypothèse des conditions adaptées (en anglais, matching conditions); en effet, il existe des matrices $D(p) \in \mathbb{R}^{m \times n}$, $E(p) \in \mathbb{R}^{m \times m}$ et un vecteur $v(x,t) \in \mathbb{R}^m$ telles que les conditions suivantes sont vérifiées :

$$\Delta A = B.D(p) \ ; \ \ \|D\| \leq \delta, \ \ \forall p \in P$$

$$\Delta B = B.E(p) \ \ et \ \ E(p) \ = \ diag(E_{jj})$$

$$avec \ \max_{1 \leq j \leq m} \ \left| E_{jj} \right| \leq \varepsilon < 1 \ \forall p \in P$$

$$w(x,t) = Bv(x,t) \ \ et \ \ \|v\| \leq \upsilon$$

Remarque 2.1:

La signification physique de l'hypothèse des conditions adaptées est que l'on considère des incertitudes de modélisation ou une perturbation attaquant le système par la matrice d'entrée. La classe des systèmes incertains, vérifiant cette hypothèse, peut couvrir plusieurs systèmes réels tels que les systèmes mécaniques et robotiques [4].

2.3.2 Commande robuste par mode glissant à ordre réduit

Dans cette partie, nous envisageons la synthèse d'une commande par mode glissant, permettant de stabiliser et de donner au système (2.8) les performances désirées, selon l'approche classique détaillée dans le premier chapitre. Ainsi, la première phase nécessaire qui est la synthèse de la surface de glissement demeure inchangée et ceci par considération à ce niveau du système nominal (absence d'incertitudes et de perturbation).

La surface de commutation est donnée par :

$$s(x) = Kx \tag{2.9}$$

L'utilisation de la condition d'apparition du mode glissant donnée par $\dot{s}(x) = 0$ avec (2.8) et (2.9) permet de déterminer la commande équivalente donnée par l'expression suivante:

$$u_{eq} = -(I_m + E(p))^{-1}\left[(KB)^{-1}KAx + D(p)x + v(x,t)\right] \tag{2.10}$$

La substitution de cette dernière expression dans l'équation d'état (2.8), conduit à l'équation d'état du système en mode glissant, à savoir:

$$\begin{aligned}\dot{x}(t) &= \left[A - B(KB)^{-1}KA\right]x \\ &= (A + BG)x\end{aligned} \tag{2.11a}$$

avec :

$$G = -(KB)^{-1}KA \tag{2.11b}$$

L'équation d'état en mode glissant (2.11a) est la même que celle du système nominal étudié dans le premier chapitre (voir § 1.3.3). Il est alors clair que les dynamiques du système en mode glissant sont parfaitement insensibles aux incertitudes et aux perturbations, elles ne dépendent que du choix de la surface de glissement. L'invariance aux incertitudes vérifiant les conditions adaptées représente une propriété très importante qui caractérise la commande par mode glissant par rapport à d'autres approches de commande robuste [4], [5], [6].

On note que l'expression (2.10) de la commande équivalente contient des termes dépendant des incertitudes et de perturbations. Toutefois, ces termes sont inconnus et seules leurs bornes sont supposées connues donc on ne peut pas utiliser l'expression de la commande équivalente dans la phase de synthèse de la commande. D'ailleurs, la commande doit être conçue de façon qu'elle conduise le vecteur d'état au mode glissant en tenant en compte les bornes des incertitudes. Pour ce faire, il faut que la trajectoire d'état vérifie la condition d'atteignabilité; ainsi le système est dit en phase d'atteignabilité. La condition utilisée est celle issue de l'approche de Lyapunov présentée dans le premier chapitre:

$$s^T \dot{s} < 0 \qquad\qquad (2.12)$$

Pour satisfaire une telle condition, on se réfère à l'approche de conception par augmentation de la commande équivalente (voir § 1.3.3) avec une composante non linéaire u_n, sauf que pour la commande équivalente, on ne considère que la partie linéaire de retour d'état Gx. La loi de commande proposée est énoncée par le théorème suivant:

Théorème 2.1 : [7]

Si la commande par mode glissant est conçue suivant la relation:

$$u = Gx + u_n \qquad\qquad (2.13)$$

avec u_n *le vecteur de commande non linéaire choisi tel que :*

$$u_n = -\frac{1}{1-\varepsilon}\left(\upsilon + (\delta + \varepsilon.g).\|x\|\right) sign\left(\Phi\right) \qquad\qquad (2.14)$$

avec Φ *et* g *donnés par:*

$$\Phi^T = s^T KB, \qquad\qquad g = \|G\| \qquad\qquad (3.15)$$

alors le système incertain donné par l'équation (2.8), et vérifiant les hypothèses A1 et A2 est asymptotiquement stable.

Démonstration.

Pour démontrer le théorème 2.1, il suffit de vérifier la condition donnée par l'équation (2.12), ainsi en utilisant les équation (2.8), (2.9), (2.13) et (2.14), on obtient :

$$
\begin{aligned}
\dot{V}(t) = s^T \dot{s} &= s^T K\left[(A + \Delta A)x + (B + \Delta B)u + w\right] \\
&= s^T K\left[Ax + \Delta Ax + Bu + \Delta Bu + w\right] \\
&= s^T K\left[Ax + BGx + \Delta Ax + Bu_n + \Delta BGx + \Delta Bu + w\right]
\end{aligned}
$$

A partir de (2.11b), il est facile de déduire que:

$$K(A + BG) = KA - KB(KB)^{-1}KA = 0$$

d'où, on peut écrire que:

$$\dot{V}(t) = s^T K [\Delta Ax + \Delta BGx + (B + \Delta B)u_n + w]$$

$$= s^T KB[(D + EG)x + (I_m + E)u_n + v]$$

$$= \Phi^T [(D + EG)x + v] - \frac{1}{1-\varepsilon}\Phi^T (I_m + E)(v + (\delta + \varepsilon g)\|x\|)sign(\Phi)$$

or:

$$-\Phi^T (I_m + E)(v + (\delta + \varepsilon g)\|x\|)sign(\Phi) = -(v + (\delta + \varepsilon g)\|x\|) \sum_{j=1}^{m} \left(1 + E_{jj}\right)\left|\Phi_j\right|$$

et:

$$-\sum_{j=1}^{m} \left(1 + E_{jj}\right)\left|\Phi_j\right| \leq -(1-\varepsilon) \sum_{j=1}^{m} \left|\Phi_j\right| \leq -(1-\varepsilon)\|\Phi\| \leq 0$$

Alors, on tirer que:

$$\dot{V}(t) \leq \Phi^T [(D + EG)x + v] - [(v + (\delta + \varepsilon g)\|x\|) + \|v\|]\|\Phi\|$$

En tenant compte des hypothèses A1 et A2 indiquant les bornes supérieures des matrices d'incertitudes et de perturbation D, E et v, on trouve:

$$\dot{V}(t) \leq \|\Phi\|[\|D + EG\|\|x\| + \|v\| - (v + (\delta + \varepsilon g)\|x\|)]$$

$$\leq \|\Phi\|[(\|D\| + \|E\|\|G\|)\|x\| - (\delta + \varepsilon g)\|x\| - v + \|v\|]$$

$$\leq \|\Phi\|[\{(\|D\| + \|E\|\|G\|) - (\delta + \varepsilon g)\}\|x\| - v + \|v\|] < 0$$

Ce qui permet d'achever la démonstration.

Remarque 2.2:

La loi de commande donnée par (2.13) permet de conduire le système à la surface de glissement, mais sans garantir un temps d'atteignabilité fini. Elle peut être alors modifiée en ajoutant un terme proportionnel à la surface de commutation pour que le mode glissant sera atteint en temps fini:

$$u = Gx - \frac{1}{1-\varepsilon}\alpha_0 (KB)^{-1} s(x) + u_n \tag{2.16}$$

Cette loi de commande permet d'avoir la condition suivante:

$$s^T \dot{s} < -\alpha_0 s^T s \tag{2.17}$$

d'où l'atteignabilité en un temps fini vers la surface de glissement.

2.3.3 Commande robuste par mode glissant à ordre complet

La loi de commande, proposée dans le paragraphe précédent, ne permet au système d'avoir les dynamiques désirées qu'à partir de l'apparition du mode glissant, autrement dit le système ne devient insensible aux incertitudes et aux perturbations qu'après la phase d'atteignabilité [5].

L'objectif de ce paragraphe est de concevoir une loi de commande basée sur l'élimination de la phase d'atteignabilité par un choix particulier de la surface de commutation [5], [7].

2.3.3.1 Synthèse de la surface de glissement

On considère le système nominal tiré de l'équation (2.8) en l'absence des termes incertains. On suppose que $\{\lambda_i\}$ sont les pôles du système en boucle fermée. La commande linéaire qui permet de placer ceux-ci est donnée par l'expression suivante :

$$u_a = Hx \tag{2.18}$$

Soit $z \in \mathbb{R}^m$ un vecteur solution de l'équation différentielle donnée par [5] :

$$\dot{z} = -B^T Ax - \left(B^T B \right) u_a \ , \quad z(0) = -B^T x(0) \tag{2.19}$$

On définit par la suite la surface de glissement par l'expression suivante :

$$s(x) = B^T x + z \tag{2.20}$$

A partir de cette dernière expression et la condition initiale imposée sur le vecteur z, on remarque que $s(0) = 0$. Ainsi la trajectoire d'état du système est contrainte à être sur la surface de glissement à partir de n'importe quelle condition initiale ce qui permet d'éliminer la phase d'atteignabilité.

2.3.3.2 Equation d'état en mode glissant

A partir des équations (2.8), (2.19) et (2.20), on peut tirer l'expression de la dérivée de la fonction de commutation:

$$\begin{aligned}\dot{s}(x) = B^T \dot{x} + \dot{z} &= B^T \left[Ax + \Delta Ax + (B + \Delta B)u + w(x,t) \right] - B^T Ax - B^T B u_a \\ &= B^T B \left[Dx + (I_m + E(p))u + v(x,t) - u_a \right] \end{aligned} \tag{2.21}$$

La condition d'apparition du mode glissant $\dot{s}(x) = 0$, utilisée dans l'approche classique de commande par mode glissant, reste valable à ce niveau, d'où on obtient en exploitant (2.21) l'expression de la commande équivalente u_{eq} :

$$u_{eq} = -\left(I_m + E(p) \right)^{-1} \left[D(p)x + v(x,t) - u_a \right] \tag{2.22}$$

La substitution de (2.22) dans (2.8) nous permet d'écrire l'expression de l'équation d'état du système en mode glissant, à savoir:

$$\dot{x} = Ax + B u_a \tag{2.23}$$

La dernière équation montre que le système en mode glissant est insensible aux incertitudes et aux perturbations, d'où la préservation de la propriété d'invariance, caractérisant le mode glissant classique, par utilisation de l'approche à ordre complet. D'autre part, les dynamiques du système en boucle fermée sont totalement fixées par le choix du gain de retour d'état H qui permet de placer les ⟨n⟩ pôles du système. De ce fait, contrairement au cas de l'approche classique, la réduction d'ordre en mode glissant n'est pas réalisée, d'où la justification de la qualification: commande par mode glissant à ordre complet.

2.3.3.3 Synthèse de la loi de commande

L'objectif de ce paragraphe est de concevoir une loi de commande u qui permet de conserver l'existence du mode glissant en présence des incertitudes. D'une façon analogue à celle utilisée dans l'approche à ordre réduit, la loi de commande doit être conçue telle que le système vérifie la condition d'atteignabilité. Pour ce faire, à la composante linéaire u_a est ajoutée une composante non linéaire u_s qui tient compte des incertitudes et des perturbations. La loi de commande proposée est formulée par le théorème suivant :

Théorème 2.2: [7]

La loi de commande u appliquée au système (2.8), vérifiant les hypothèses A1 et A2, et donnée par l'expression suivante :

$$u = u_a + u_s \tag{2.24}$$

avec u_a donnée par (2.18) et u_s est choisie telle que:

$$u_s = -\frac{1}{1-\varepsilon}(v + (\delta + \varepsilon h)\|x\|)\,sign\,(\Gamma) \tag{2.25}$$

où Γ et φ exprimées par:

$$\Gamma^T = S^T(B^T B), \qquad et \qquad h = \|H\| \tag{2.26}$$

garantit l'existence du mode glissant pour tout $t \geq 0$.

Démonstration.

Pour montrer, l'existence du mode glissant pour tout $t \geq 0$, on doit vérifier la condition (2.12). Ainsi en considérant les équations (2.8), (2.21), (2.24), et (2.25), on trouve que :

$$\dot{V}(t) = s^T \dot{s} = s^T \left[B^T \dot{x} + \dot{z} \right]$$

$$= s^T \left[B^T A x + B^T \Delta A x + B^T (B + \Delta B) u + B^T w - B^T A x - B^T B u_a \right]$$

$$= s^T \left[B^T \Delta A x + B^T (B + \Delta B) u + B^T w - B^T B u_a \right]$$

$$= s^T \left(B^T B \right)[(D + EH)x + (I_m + E)u_s + v]$$

$$= \Gamma^T [(D + EH)x + v] - \frac{1}{1-\varepsilon} \Gamma^T (I_m + E)(v + (\delta + \varepsilon h)\|x\|)\,sign\,(\Gamma)$$

or :

$$-\Gamma^T (I_m + E)(v + (\delta + \varepsilon h)\|x\|)\,sign\,(\Gamma) = -(v + (\delta + \varepsilon h)\|x\|)\sum_{j=1}^{m} \left(1 + E_{jj}\right)\left|\Gamma_j\right|$$

et :

$$-\sum_{j=1}^{m}\left(1+E_{jj}\right)\left|\Gamma_{j}\right| \leq -(1-\varepsilon)\sum_{j=1}^{m}\left|\Gamma_{j}\right| \leq -(1-\varepsilon)\|\Gamma\| \leq 0$$

ainsi, on peut écrire que:

$$\dot{V}(t) \leq \Gamma^{T}\left[\left(D+EH\right)x+v\right]-\left[\left(v+(\delta+\varepsilon h)\|x\|\right)\right]\|\Phi\|$$

ce qui permet, en utilisant A1 et A2 donnant les bornes supérieures des matrices d'incertitudes D, E et v, d'obtenir :

$$\dot{V}(t) \leq \|\Gamma\|[\|D+EH\|\|x\|+\|v\|-(v+(\delta+\varepsilon h)\|x\|)]$$
$$\leq \|\Gamma\|[(\|D\|+\|E\|\|H\|)\|x\|-(\delta+\varepsilon h)\|x\|-v+\|v\|]$$
$$\leq \|\Phi\|[\{(\|D\|+\|E\|\|H\|)-(\delta+\varepsilon h)\}\|x\|-v+\|v\|]<0$$

Ainsi, la démonstration est achevée.

Remarque 2.2:

La loi de commande donnée par (2.24) permet de garantir la convergence asymptotique du système en boucle fermée, elle peut être alors modifiée en ajoutant un terme proportionnel à la surface de commutation pour que le mode glissant sera atteint en temps fini, à savoir:

$$u = u_a - \frac{1}{1-\varepsilon}\alpha_0\left(B^{T}B\right)^{-1}s(x)+u_s \tag{2.27}$$

Cette loi de commande permet d'assurer la condition suivante:

$$s^{T}\dot{s} < -\alpha_0 s^{T}s \tag{2.28}$$

d'où l'atteignabilité en temps fini vers la surface de glissement.

Une autre remarque à signaler: en l'absence d'incertitudes et de perturbations et puisque le système est initialement sur la surface de glissement, ce qui se traduit par: $s(x) = 0, \forall t \geq 0$, la composante non linéaire u_s est nulle. La loi de commande (2.24) est alors confondue avec la composante linéaire u_a. On en déduit que, contrairement à l'approche classique, la composante non linéaire de la commande par mode glissant à ordre complet n'entre en action qu'en présence des incertitudes et ce pour éliminer leurs effets et préserver l'existence du mode glissant.

2.3.4 Exemple d'application

Dans cette section on s'intéresse, à appliquer les deux approches proposées à un exemple numérique pour mener une étude comparative entre elles, ainsi que pour examiner la validité des résultats obtenus. Pour atteindre ces objectifs, on considère le système multivariable incertain donné par l'équation (2.8), où $x \in \mathbb{R}^{5}$, avec [7] :

$$A = \begin{bmatrix} 1 & 1 & 0 & 0 & 0 \\ -1 & -1 & 1 & 0 & 0 \\ 0 & 0 & -1 & 1 & 0 \\ 0 & 0 & 2 & 0 & 1 \\ -6 & -6 & -8 & -6 & -2 \end{bmatrix}, \qquad B = \begin{bmatrix} 0 & 0 \\ 0 & 0 \\ 1 & 0 \\ -1 & 0 \\ 0 & 1 \end{bmatrix},$$

$$\Delta A = BD(p), \qquad D(p) = \begin{bmatrix} 0.1 & 0.5\cos(p) & 0 & 0 & 0.5 \\ 0 & 0.1\sin(p) & 0 & 0.1 & 0 \end{bmatrix}$$

$$\Delta B = BE(p), \qquad E(p) = \begin{bmatrix} 0.1 & 0 \\ 0 & 0.1 \end{bmatrix}\cos(p)$$

$$w(x,t) = Bv(x,t), \qquad v(x,t) = \begin{bmatrix} 0.5\cos(x_4) \\ 0.7\cos(x_5) \end{bmatrix}$$

Il est aisé de vérifier que les incertitudes vérifient les hypothèses A1 et A2, ainsi:

$$\|D\| \leq \delta = 0.72, \quad |E_{jj}| \leq \varepsilon = 0.1 \qquad \text{et} \qquad \|v(x,t)\| \leq \upsilon = 0.86$$

2.3.4.1 Commande par mode glissant à ordre réduit

La première étape est la synthèse de la surface de glissement donnée par l'équation (2.9). Par conséquent, on considère le système nominal et on lui applique la procédure de synthèse de la surface de glissement présentée dans le premier chapitre (voir § 1.3.3).

La matrice de passage à la forme canonique P de l'équation (1.52) est donnée par:

$$P = \begin{bmatrix} \left(B^{\perp}\right)^{+} \\ B^{+} \end{bmatrix} = \begin{bmatrix} 1 & 0 & 0 & 0 & 0 \\ 0 & 1 & 0 & 0 & 0 \\ 0 & 0 & 1 & 1 & 0 \\ 0 & 0 & 0.5 & -0.5 & 0 \\ 0 & 0 & 0 & 0 & 1 \end{bmatrix}$$

L'utilisation de cette matrice de transformation permet d'obtenir, l'équation d'état du système en mode glissant calculée conformément à (1.60):

$$\begin{cases} \dot{z}_1 = A_{11}z_1 + A_{12}z_2 \\ z_2 = Fz_1 \end{cases}$$

avec $z_1 \in \mathbb{R}^3$, $z_2 \in \mathbb{R}^2$, $F \in \mathbb{R}^{2\times3}$ et:

$$A_{11} = \begin{bmatrix} 1 & 1 & 0 \\ -1 & -1 & 0.5 \\ 0 & 0 & 1 \end{bmatrix}, \qquad A_{12} = \begin{bmatrix} 0 & 0 \\ 1 & 0 \\ 0 & 1 \end{bmatrix}$$

Le gain de retour d'état $F \in \mathbb{R}^{2 \times 3}$ est déterminé par placement des pôles du système réduit $\left(A_{11}, A_{12} \right)$ qui sont choisis selon le spectre $\{\lambda_i\} = \left\{ -2, -2 \pm 2j \right\}$, ce qui permet d'obtenir F sous la forme:

$$F = \begin{bmatrix} -12 & -4 & -0.5 \\ 0 & 0 & -3 \end{bmatrix}$$

Par la suite, et selon (1.63), on trouve le gain K de la fonction de commutation :

$$K = \begin{bmatrix} -F & I_m \end{bmatrix} P = \begin{bmatrix} 12 & 4 & 1 & 0 & 0 \\ 0 & 0 & 3 & 3 & 1 \end{bmatrix}$$

La matrice de retour d'état G de la commande équivalente est alors donnée par:

$$G = \begin{bmatrix} -8 & -8 & -3 & -1 & 0 \\ 6 & 6 & 5 & 3 & -1 \end{bmatrix}, \qquad g = \|G\| = 15.41$$

Une fois la surface de glissement est calculée par fixation des dynamiques du système en mode glissant, la deuxième étape envisagée est le calcul de la loi de commande suivant l'expression (2.13) :

$$u = Gx - \left(0.96 + 2.09 \|x\| \right) sign \left(\Phi \right)$$

2.3.4.2 Commande par mode glissant à ordre complet

On suppose que les pôles du système en boucle fermée sont tels que:

$$\{\lambda_i\} = \left\{ -0.5, -0.5, -2, -2 \pm 2j \right\}$$

Par conséquent, le gain de retour d'état H, permettant de placer ces pôles, est donné par :

$$H = \begin{bmatrix} -10.79 & -7.81 & -1.73 & 0.48 & 0.98 \\ 1.57 & 2.79 & 1.50 & 1.07 & -1.78 \end{bmatrix}, \qquad h = \|H\| = 13.86$$

La surface de glissement est donnée par l'expression (2.20) et la loi de commande est calculée selon l'expression (2.24) :

$$u = Hx - \left(0.96 + 1.16 \|x\| \right) sign \left(\Gamma \right)$$

2.3.4.3 Résultats de simulation

On présente les résultats de simulation suivant les deux approches de commande pour le même vecteur d'état initial: $x(0) = \begin{bmatrix} 0 & 0.5 & 1 & 0 & 1 \end{bmatrix}^T$

La figure (2.1) représente l'évolution des composantes de la surface de commutation et de la commande du système nominal soumis à l'action de la commande par mode glissant à ordre réduit donnée par (2.13). Il est clair que le mode glissant n'apparaît qu'après un temps d'atteignabilité, au bout duquel les fonctions de commutation tendent à s'annuler et les composantes de la commande deviennent commutantes. Les mêmes constatations sont observées à partir de la figure (2.2) relative au système incertain soumis à la même loi de commande, sauf que le mode glissant, dans ce cas, apparaît dans un temps légèrement supérieur à celui du premier cas et ce à cause de l'existence d'incertitudes et de perturbations.

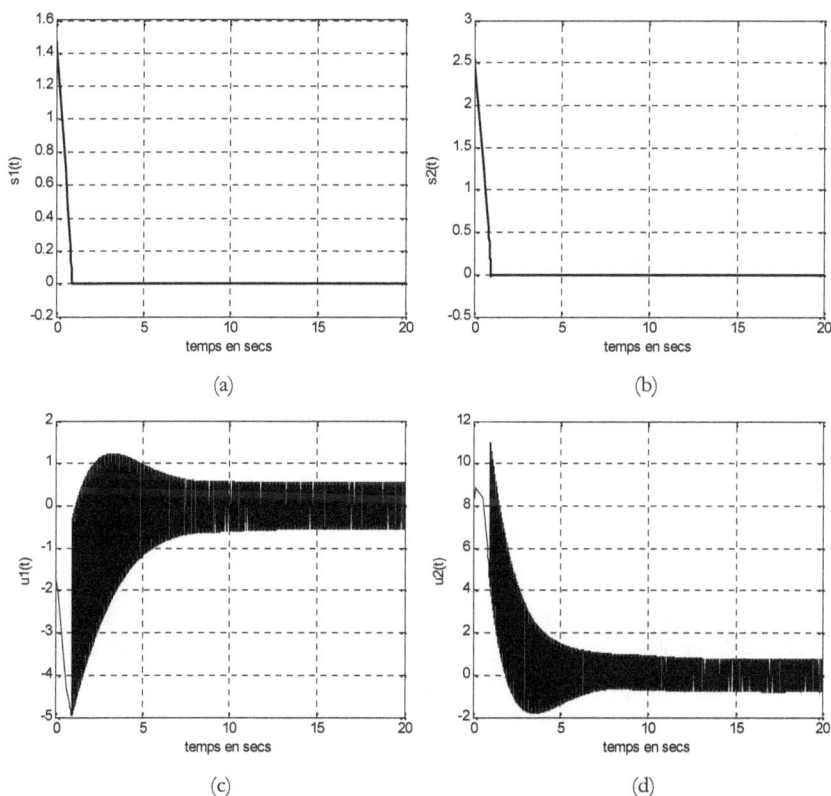

(a)

(b)

(c)

(d)

Figure (2.1): Résultats de simulation avec la commande (2.13) appliquée au système nominal :
(a), (b): surfaces de commutation $s_1(t)$, $s_2(t)$ (c),(d): composantes de la commande $u_1(t)$, $u_2(t)$

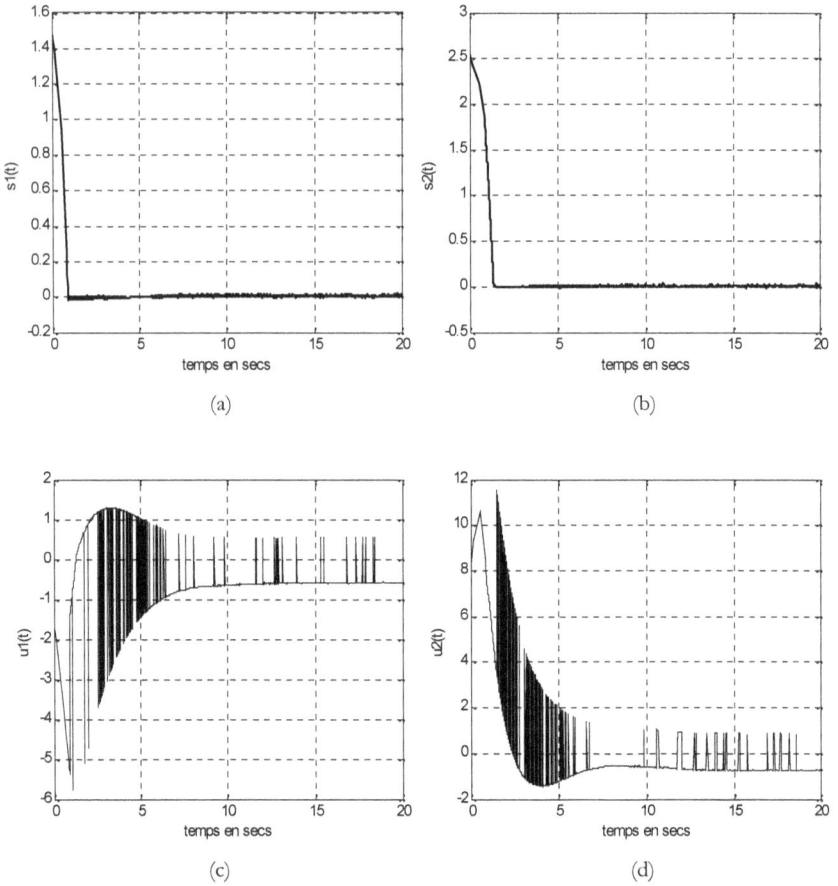

Figure (2.2): Résultats de simulation avec la commande (2.13) appliquée au système incertain : (a), (b): surfaces de commutation $s_1(t)$, $s_2(t)$ (c),(d): composantes de la commande $u_1(t)$, $u_2(t)$

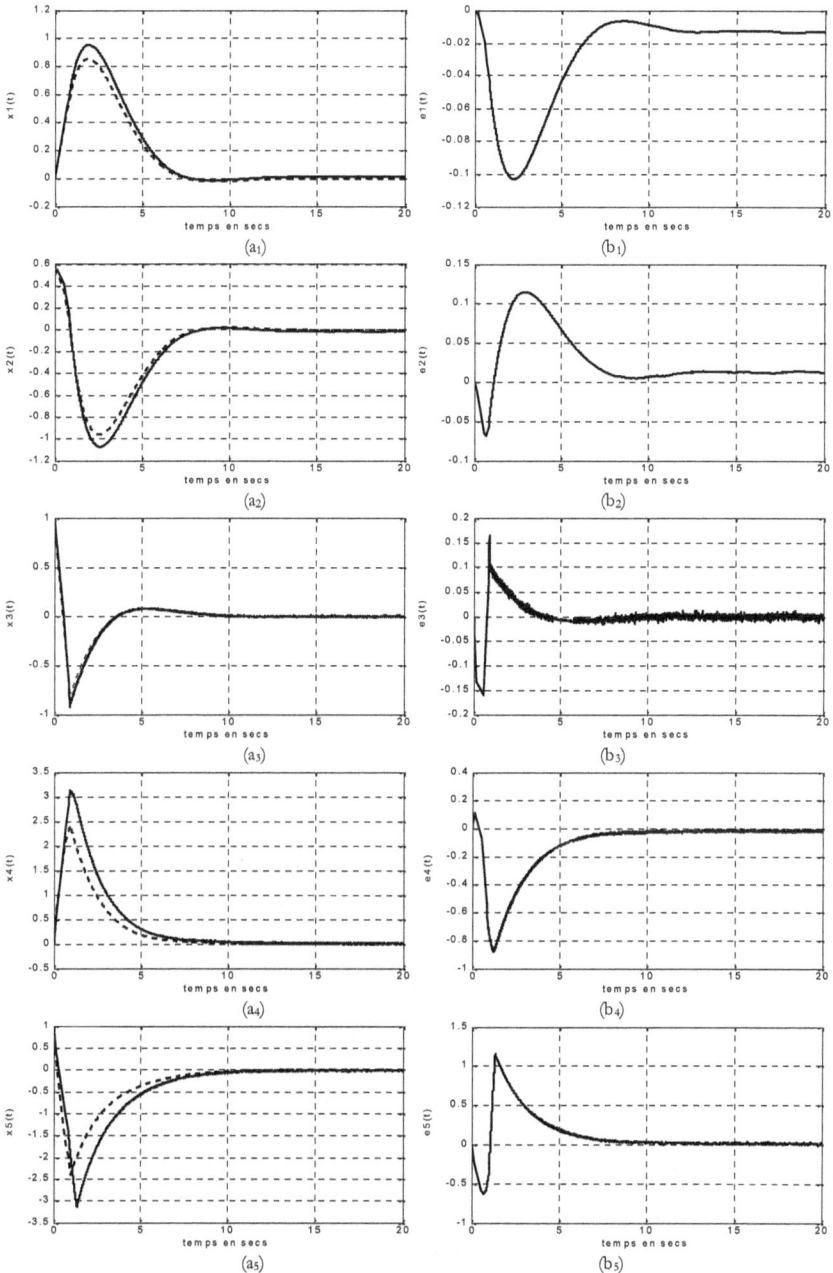

Figure (2.3): (a_i): Evolution des variables d'état x_i avec la commande (2.13) du système nominal (ligne interrompue) et du système incertain (ligne continue) (b_i): les erreurs respectives e_i

L'évolution des variables d'état des systèmes, nominal et incertain, soumis à la commande (2.13) ainsi que les erreurs respectives est donnée par la figure (2.3). Il est aisé de déduire la convergence des ces variables d'état vers l'origine, d'où la validité de l'approche de commande proposée en terme de stabilité malgré la présence des incertitudes. Cependant, les erreurs entre les variables d'état du système nominal et celles du système incertain, avant qu'elles ne deviennent faibles en mode glissant, sont relativement importantes. Cette dernière observation justifie l'inefficience de l'approche à ordre réduit dans la commande des systèmes incertains pendant la phase d'atteignabilité.

La figure (2.4) représente l'évolution des composantes de la surface de commutation et de la commande du système nominal soumis à l'action de la commande par mode glissant à ordre complet donnée par (2.24). On remarque que les fonctions de commutation sont constamment nulles et les composantes de la commande sont continues, d'où on en déduit que le système est initialement en mode glissant, et qu'en absence d'incertitudes la commande linéaire.

A travers la figure (3.5), on constate que le système est initialement en mode glissant; en effet, les fonctions de commutation commencent par une valeur nulle, en oscillant avec des valeurs faibles autour de la surface de glissement, ce qui se traduit par des fortes oscillations de la commande afin de faire face aux effets d'incertitudes et de perturbations.

De même, l'évolution des variables d'état des systèmes, nominal et incertain, soumis à la commande (2.24) ainsi que les erreurs respectives est donnée par la figure (2.6). La convergence des ces variables d'état vers l'origine est facile à discerner. De plus, ces variables d'état, pour les deux systèmes, sont initialement superposées; en effet, les erreurs relatives sont initialement très faibles. D'où, l'efficacité immédiate de l'approche de commande par mode glissant à ordre complet pour les systèmes incertains grâce à l'élimination de la phase d'atteignabilité.

On peut alors conclure, à partir de ces résultats de simulation, que les deux approches de commande proposées assurent l'apparition du mode glissant et la stabilité asymptotique du système en dépit de l'existence des incertitudes et des perturbations. En ce qui concerne la première (à ordre réduit), elle ne devient insensible à l'effet des incertitudes qu'après un certain temps qui représente la durée de la phase d'atteignabilité. Contrairement, la deuxième approche (à ordre complet), elle garantit l'apparition immédiate du mode glissant et par conséquent elle est totalement insensible aux incertitudes dès l'instant initial. Ce qui montre l'évidence de la supériorité de la deuxième méthode dans la commande des systèmes incertains par rapport à la première.

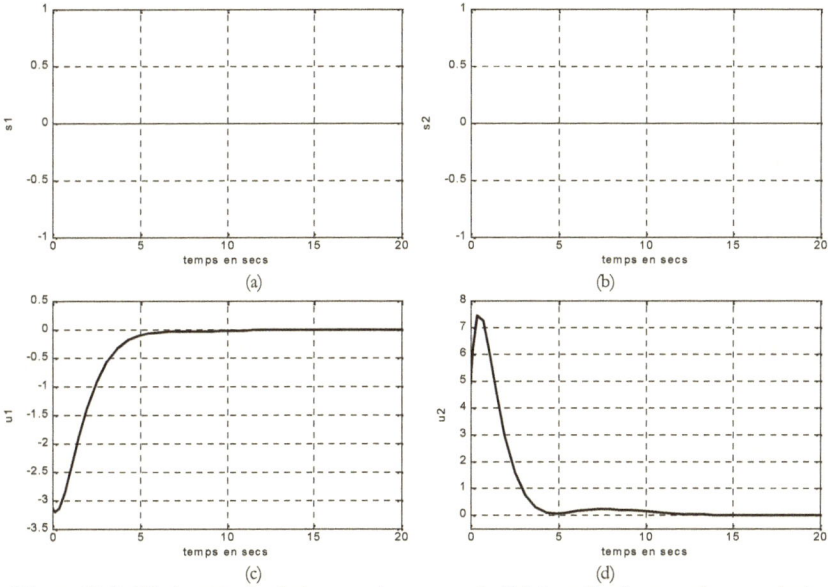

Figure (2.4): Résultats de simulation avec la commande (2.24) appliquée au système nominal :
(a), (b): surfaces de commutation $s_1(t)$, $s_2(t)$ (c),(d): composantes de la commande $u_1(t)$, $u_2(t)$

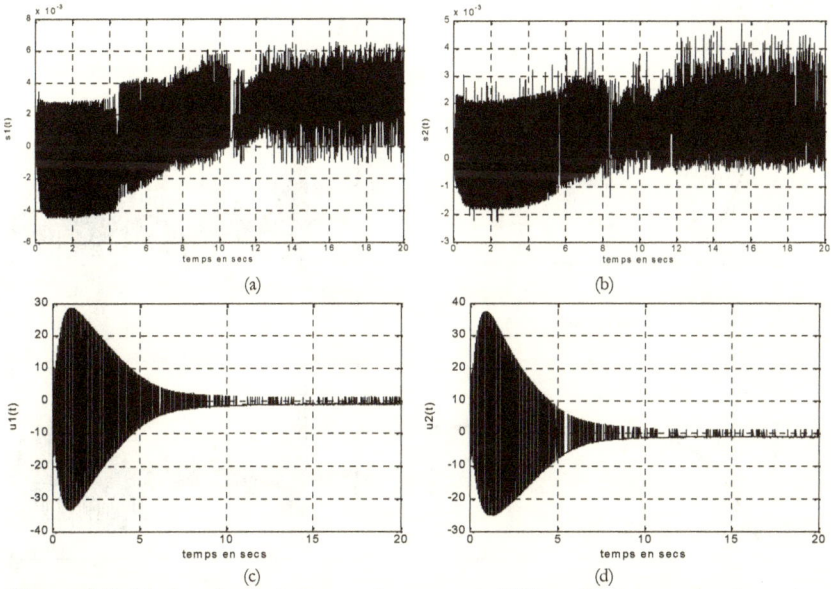

Figure (2.5): Résultats de simulation avec la commande (2.24) appliquée au système incertain :
(a), (b): surfaces de commutation $s_1(t)$, $s_2(t)$ (c),(d): composantes de la commande $u_1(t)$, $u_2(t)$

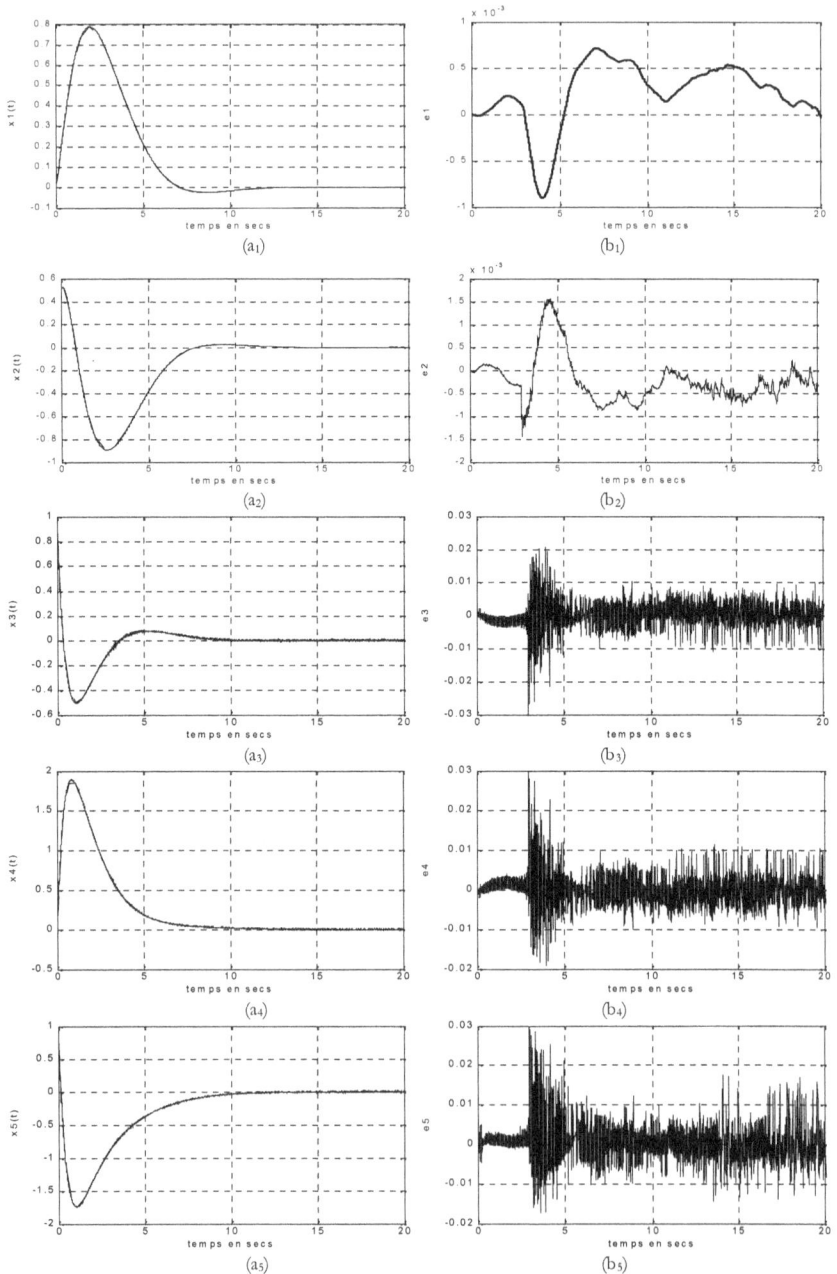

Figure (2.6): (a_i): Evolution des variables d'état x_i avec la commande (2.24) du système nominal (ligne interrompue) et du système incertain (ligne continue) (b_i): les erreurs respectives e_i

2.4 Commande décentralisée des systèmes linéaires interconnectés

2.4.1 La classe de systèmes étudiée

Dans cette partie, nous considérons le système linéaire E constitué par N sous systèmes interconnectés E_i décrits par la représentation d'état suivante:

$$E_i: \quad \dot{x}_i = A_{ii}x_i + B_i u_i + \sum_{j \neq i}^{N} A_{ij}x_j \tag{2.29}$$

où:

$x_i \in \mathbb{R}^{n_i}$ et $u_i \in \mathbb{R}$ sont respectivement le vecteur d'état et l'entrée de commande, $A_{ii} \in \mathbb{R}^{n_i \times n_i}$ et $B_i \in \mathbb{R}^{n_i \times 1}$ sont respectivement les matrices d'état et de commande du sous système E_i.

A_{ij}, $j \neq i$, est la matrice d'interconnexion spécifiant l'action du sous système E_j sur le sous système E_i.

On suppose que les hypothèses suivantes sont valides:

A1. la paire (A_i, B_i) est commandable,

A2. les matrices d'interconnexion vérifient les conditions adaptées:

$$A_{ij} = B_i H_{ij} \tag{2.30}$$

L'objectif de cette partie est de concevoir une commande par mode glissant suivant les deux approches à ordre réduit et à ordre complet de cette classe de systèmes linéaires interconnectés. Ces lois de commande sont basées sur l'approche décentralisée telle que chaque composante $u_i = u_i(x_i)$ devrait garantir la convergence du vecteur d'état x_i vers l'origine pour n'importe quelles conditions initiales [8].

2.4.2 Commande décentralisée par mode glissant à ordre réduit

La synthèse d'une loi de commande à ordre réduit est obtenue à travers deux étapes. La première est la synthèse de la surface de glissement et la deuxième est le choix de la commande appropriée en concordance avec la condition d'atteignabilité.

2.4.2.1 Synthèse de la surface de glissement

Pour chaque sous système, la surface de commutation est choisie telle que :

$$s_i(x_i) = K_i x_i \tag{2.31}$$

avec $K_i \in \mathbb{R}^{1 \times n_i}$ un gain de retour d'état.

La condition d'apparition du mode glissant, donnée par $s_i(x_i) = 0$ et $\dot{s}_i(x_i) = 0$, permet d'obtenir l'expression de la commande équivalente $u_{e,i}$:

$$u_{e,i} = -(K_i B_i)^{-1} \left[K_i A_{ii} x_i + \sum_{j \neq i}^{N} H_{ij} x_j \right] \tag{2.32}$$

Les dynamiques du système en mode glissant sont obtenues en remplaçant la commande u_i de (2.29) par l'expression de la commande équivalente, à savoir:

$$\dot{x}_i = (A_{ii} + B_i G_i) x_i \tag{2.33}$$

où G_i est un gain de retour d'état donné par:

$$G_i = -(K_i B_i)^{-1} K_i A_{ii} \tag{2.34}$$

L'équation d'état du système en mode glissant donnée par (2.33) montre que les dynamiques de chaque sous système E_i ne dépendent pas des interconnexions avec les autres sous systèmes. Cependant, elles dépendent uniquement du choix du gain de retour d'état G_i qui est choisi par la technique de placement des pôles présentée au premier chapitre (voir § 1.3.3), en fixant $(n_i - 1)$ pôles dans la partie gauche du plan complexe.

2.4.2.2 Synthèse de la loi de commande à ordre réduit

La commande doit être conçue de manière qu'elle doit satisfaire une condition d'atteignabilité, qui est généralement choisie d'après la théorie de stabilité de Lyapunov. Ainsi, après la sélection d'une fonction candidate de Lyapunov, la commande est désignée en respectant une dérivée négative de cette fonction. La loi de commande proposée, pour le système interconnecté E, est choisie en considérant la fonction candidate de Lyapunov suivante [8], [9], [10]:

$$V(t) = \sum_{i=1}^{N} |s_i| \tag{2.35}$$

La dérivée par rapport au temps de cette fonction aboutit à la condition d'atteignabilité donnée par:

$$\dot{V}(t) = \sum_{i=1}^{N} sign(s_i) \dot{s}_i < 0 \tag{2.36}$$

Dans le but de vérifier cette dernière condition, la loi de commande proposée est présentée en vérifiant le théorème suivant.

Théorème 2.3: [8]

Pour le système interconnecté E décrit par (2.29) et vérifiant l'hypothèse (A1), si la loi de commande est choisie selon l'expression suivante:

$$u_i(x_i) = G_i x_i + u_{n,i}(x_i) \tag{2.37}$$

où, G_i est donnée par (2.34), et la composante non linéaire $u_{n,i}$ est exprimée par:

$$u_{n,i} = -(K_i B_i)^{-1} \left[\alpha_i + \sum_{j \neq i}^{N} \left| K_j B_j \right| \left\| H_{ji} \right\| \left\| x_i \right\| \right] sign(s_i) \tag{2.38}$$

avec α_i est un scalaire positif,

alors le mode glissant est atteint en un temps fini et les variables d'état convergent vers zéro.

Démonstration:

En utilisant (2.31), l'expression (2.36) peut être exprimée par:

$$\dot{V}(t) = \sum_{i=1}^{N} sign(s_i) K_i \dot{x}_i \tag{2.39}$$

Par substitution de (2.29) dans (2.39), il vient que:

$$\dot{V}(t) = \sum_{i=1}^{N} sign(s_i) K_i \left[A_{ii} x_i + B_i u_i + \sum_{j \neq i}^{N} A_{ij} x_j \right] \tag{2.40}$$

Ainsi, en remplaçant, dans l'équation (2.40), la commande par celle donnée par (2.37), il vient:

$$\dot{V}(t) = \sum_{i=1}^{N} sign(s_i)(K_i B_i) \sum_{j \neq i}^{N} H_{ij} x_j - \sum_{i=1}^{N} \left[\alpha_i + \sum_{j \neq i}^{N} \left| K_j B_j \right| \left\| H_{ji} \right\| \left\| x_i \right\| \right]$$

$$= -\sum_{i=1}^{N} \alpha_i + \sum_{i=1}^{N} sign(s_i)(K_i B_i) \sum_{j \neq i}^{N} H_{ij} x_j - \sum_{i=1}^{N} \sum_{j \neq i}^{N} \left| K_j B_j \right| \left\| H_{ji} \right\| \left\| x_i \right\|$$

$$= -\sum_{i=1}^{N} \alpha_i - \sum_{i=1}^{N} \left[\sum_{j \neq i}^{N} \left| K_j B_j \right| \left\| H_{ji} \right\| \left\| x_i \right\| \right] + \sum_{i=1}^{N} \sum_{j \neq i}^{N} sign(s_j)(K_j B_j) H_{ji} x_i$$

$$\leq -\sum_{i=1}^{N} \alpha_i - \sum_{i=1}^{N} \left[\sum_{j \neq i}^{N} \left| K_j B_j \right| \left\| H_{ji} \right\| \left\| x_i \right\| \right] + \sum_{i=1}^{N} \left[\sum_{j \neq i}^{N} \left| K_j B_j \right| \left\| H_{ji} \right\| \left\| x_i \right\| \right]$$

$$\leq -\sum_{i=1}^{N} \alpha_i < 0$$

d'où la vérification de la condition d'atteignabilité (2.36).

2.4.3 Commande décentralisée par mode glissant à ordre complet

Dans ce paragraphe, nous nous intéressons à la conception d'une commande décentralisée suivant l'approche à ordre complet.

2.4.3.1 Synthèse de la surface de glissement

Pour chaque sous système E_i, la surface de commutation est sélectionnée selon:

$$s_i(x_i) = B_i^T x_i + z_i \tag{2.41}$$

z_i est la sortie d'un système de premier ordre décrit par:

$$\dot{z}_i = -B_i^T A_{ii} x_i - B_i^T B_i u_{a,i}, \; z_i(0) = -B_i^T x_i(0) \tag{2.42}$$

où $u_{a,i}$ est une commande linéaire donnée par:

$$u_{a,i} = F_i x_i \tag{2.43}$$

avec $F_i \in \mathbb{R}^{1 \times n_i}$ un gain de retour d'état.

L'utilisation de la condition d'apparition du mode glissant avec (2.29) et (2.41), aboutit à l'expression de la commande équivalente:

$$u_{e,i} = u_{a,i} - \sum_{j \neq i}^{N} H_{ij} x_j \tag{2.44}$$

La substitution de cette dernière expression dans (2.29) nous permet d'écrire l'équation d'état en mode glissant:

$$\dot{x}_i = (A_{ii} + B_i F_i) x_i \tag{2.45}$$

Comme pour le cas de l'application de l'approche à ordre réduit, l'équation d'état du système en mode glissant donnée par (2.45) montre que les dynamiques du chaque sous système E_i ne dépendent pas des interconnexions avec les autres sous systèmes. Cependant, elles dépendent uniquement du choix du gain de retour d'état F_i qui est choisi par placement des (n_i) pôles à partie réelle négative.

2.4.3.2 Synthèse de la loi de commande à ordre complet

L'objectif de cette section est de concevoir, pour chaque sous système, une commande locale qui permet à la trajectoire d'état du système de rester sur la surface de glissement prédéfinie. Pour arriver à cette fin, nous exploitons la condition d'atteignabilité définie par (2.36); la loi de commande ainsi proposée est décrite par le théorème suivant.

Théorème 2.4: [8]

Pour le système interconnecté E décrit par (2.29) et vérifiant l'hypothèse (A1), si la loi de commande est choisie selon l'expression suivante:

$$u_i(x_i) = u_{a,i} + u_{n,i}(x_i) \tag{2.46}$$

où, $u_{a,i}$ est donnée par (2.43), et la composante non linéaire $u_{n,i}$ est exprimée par:

$$u_{n,i} = -\frac{1}{\beta_i} \left[q_i + \sum_{j \neq i}^{N} \beta_j \| H_{ji} \| \| x_i \| \right] sign(s_i) \tag{2.47}$$

avec q_i est un scalaire positif et $\beta_i = B_i^T B_i$

alors le mode glissant existe initialement et les va____ d'état convergent vers zéro.

Démonstration:

L'exploitation des équations (2.29), (2.41) et (2.42), nous permet de réécrire (2.36) sous la forme suivante:

$$\dot{V}(t) = \sum_{i=1}^{N} sign(s_i)(B_i^T B_i)\left[u_i - u_{a,i} + \sum_{j\neq i}^{N} A_{ij}x_j \right] \tag{2.48}$$

En remplaçant, dans (2.48), la commande par celle donnée par (2.46), on obtient:

$$\dot{V}(t) = \sum_{i=1}^{N} sign(s_i)\beta_i \sum_{j\neq i}^{N} H_{ij}x_j - \sum_{i=1}^{N}\left[q_i + \sum_{j\neq i}^{N} \beta_j \|H_{ji}\|\|x_i\| \right]$$

$$= -\sum_{i=1}^{N} q_i + \sum_{i=1}^{N} sign(s_i)\beta_i \sum_{j\neq i}^{N} H_{ij}x_j - \sum_{i=1}^{N}\sum_{j\neq i}^{N} \beta_j \|H_{ji}\|\|x_i\|$$

$$\leq -\sum_{i=1}^{N} q_i + \sum_{i=1}^{N}\sum_{j\neq i}^{N} \beta_j \|H_{ji}\|\|x_i\| - \sum_{i=1}^{N}\sum_{j\neq i}^{N} \beta_j \|H_{ji}\|\|x_i\|$$

$$\leq -\sum_{i=1}^{N} q_i < 0$$

Ainsi la condition d'atteignabilité est vérifiée.

2.4.4 Exemple d'application

Dans le but d'illustrer l'utilité des deux approches proposées et de mettre en relief les différences entre elles, nous envisageons, dans cette section, l'application des deux lois de commande à un exemple numérique. Il s'agit en fait d'un système, composé par deux sous systèmes interconnectés, décrit par la représentation d'état suivante [8]:

$$\begin{cases} \dot{x}_1 = A_{11}x_1 + A_{12}x_2 + B_1u_1 \\ \dot{x}_2 = A_{21}x_1 + A_{22}x_2 + B_2u_2 \end{cases}$$

où:

$$x_1 = \begin{bmatrix} x_{11} & x_{12} & x_{13} \end{bmatrix}^T, \ x_2 = \begin{bmatrix} x_{21} & x_{22} \end{bmatrix}^T$$

$$A_{11} = \begin{bmatrix} 0 & 1 & 0 \\ 0 & 0 & 1 \\ 0 & 1 & -1 \end{bmatrix}, \quad A_{12} = \begin{bmatrix} 0 & 0 \\ 0 & 0 \\ 0.2 & 0.2 \end{bmatrix}, \quad B_1 = \begin{bmatrix} 0 \\ 0 \\ 1 \end{bmatrix}$$

$$A_{21} = \begin{bmatrix} 0 & 0 & 0 \\ 0.1 & 0.05 & 0.1 \end{bmatrix}, \quad A_{22} = \begin{bmatrix} 0 & 1 \\ 1 & 0 \end{bmatrix}, \quad B_2 = \begin{bmatrix} 0 \\ 2 \end{bmatrix}$$

Le système considéré vérifie l'hypothèse (A2), en effet:

$$A_{12} = B_1 H_{12} \quad \text{avec: } H_{12} = \begin{bmatrix} 0.2 & 0.2 \end{bmatrix} \text{ ce qui donne: } \|H_{12}\| = 0.28$$

$$A_{21} = B_2 H_{21} \quad \text{avec: } H_{21} = \begin{bmatrix} 0.05 & 0.25 & 0.05 \end{bmatrix} \text{ d'où: } \|H_{21}\| = 0.26$$

2.4.4.1 Application de la commande à ordre réduit

Les surfaces de commutations s_1 et s_2 relatives aux deux sous systèmes sont choisies en concordance avec le paragraphe 2.4.2.1. Pour le premier sous système, les pôles désirés en mode glissant sont choisis tels que: $\left\{0, -2 \pm 2j\right\}$ et pour le second ils sont fixés à $\left\{0, -4\right\}$. Compte tenu de ce choix, nous avons trouvé les gains de retour d'état suivants:

$$K_1 = \begin{bmatrix} 8 & 4 & 1 \end{bmatrix}, \qquad K_2 = \begin{bmatrix} 2 & 0.5 \end{bmatrix}$$

$$G_1 = \begin{bmatrix} 0 & 9 & 3 \end{bmatrix}, \qquad G_2 = \begin{bmatrix} 0.5 & 2 \end{bmatrix}$$

Les commandes u_1 et u_2 sont calculées en utilisant le théorème 2.3 avec $\alpha_1 = \alpha_2 = 0.5$, alors que leurs expressions sont données par:

$$u_1 = -G_1 x_1 - (0.5 + 0.26\|x_1\|)sign(s_1)$$
$$u_2 = -G_2 x_2 - (0.5 + 0.28\|x_2\|)sign(s_2)$$

2.4.4.2 Application de la commande à ordre complet

Les surfaces de commutations s_1 et s_2 relatives aux deux sous systèmes sont choisies selon l'expression (2.41). Pour le premier sous système, les pôles désirés sont fixés à $\left\{-2, -2 \pm 2j\right\}$ et pour le second ils sont choisis selon $\left\{-4, -4\right\}$. Ainsi, les gains de retour d'état sont donnés par:

$$F_1 = \begin{bmatrix} 16 & 17 & 5 \end{bmatrix}, \qquad F_2 = \begin{bmatrix} 8.5 & 4 \end{bmatrix}$$

Les commandes sont conçues en appliquant le théorème 2.4 avec $q_1 = q_2 = 0.5$, elles sont exprimées par:

$$u_1 = -F_1 x_1 - (0.5 + 1.04\|x_1\|)sign(s_1)$$
$$u_2 = -F_2 x_2 - (0.5 + 0.07\|x_2\|)sign(s_2)$$

2.4.4.3 Analyse des résultats de simulation

Les résultats de simulation sont présentés pour les conditions initiales suivantes:

$$x_1(0) = \begin{bmatrix} 1 & 0.5 & 1 \end{bmatrix}^T, \; x_2(0) = \begin{bmatrix} 2 & 1 \end{bmatrix}^T$$

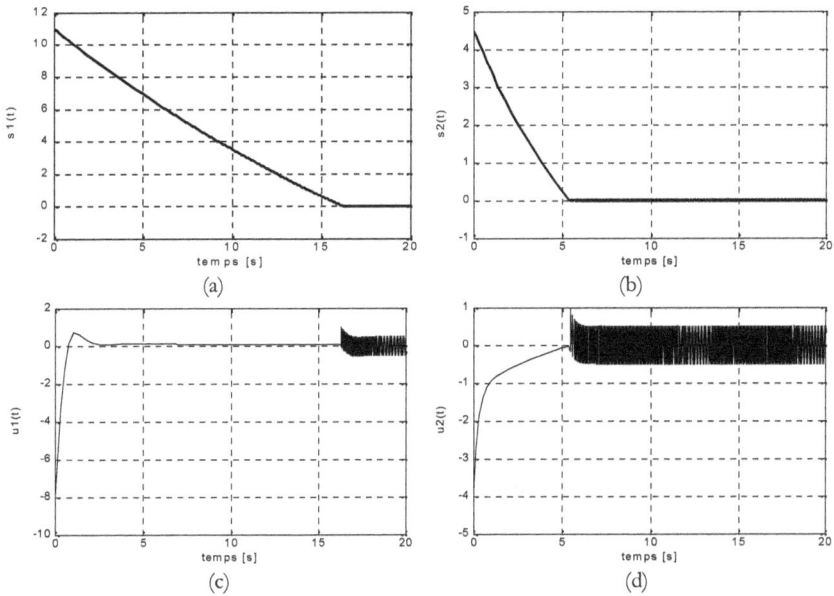

Figure (2.7): Résultats de simulation avec la commande (2.37) appliquée aux sous systèmes sans interconnexions : (a), (b): $s_1(t)$, $s_2(t)$ (c),(d): $u_1(t)$, $u_2(t)$

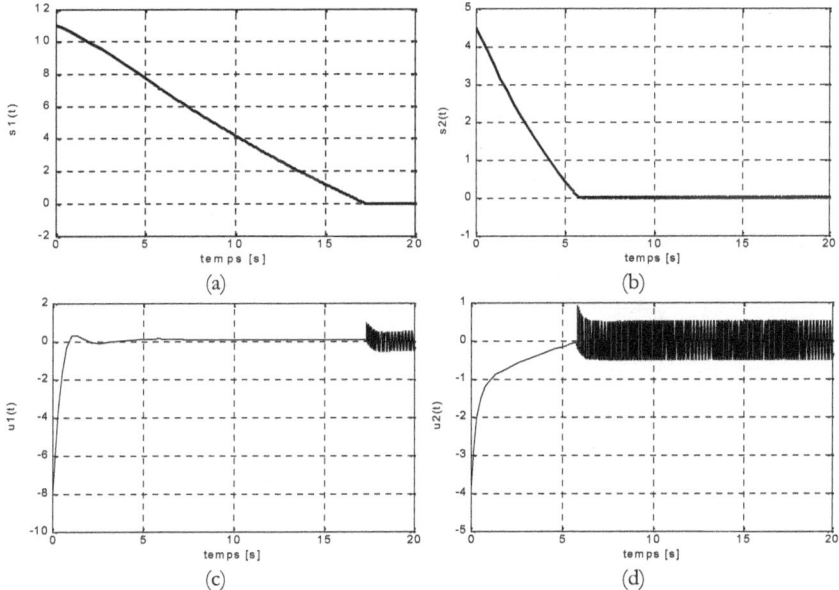

Figure (2.8): Résultats de simulation avec la commande (2.37) appliquée au système interconnecté: (a), (b): $s_1(t)$, $s_2(t)$ (c), (d): $u_1(t)$, $u_2(t)$

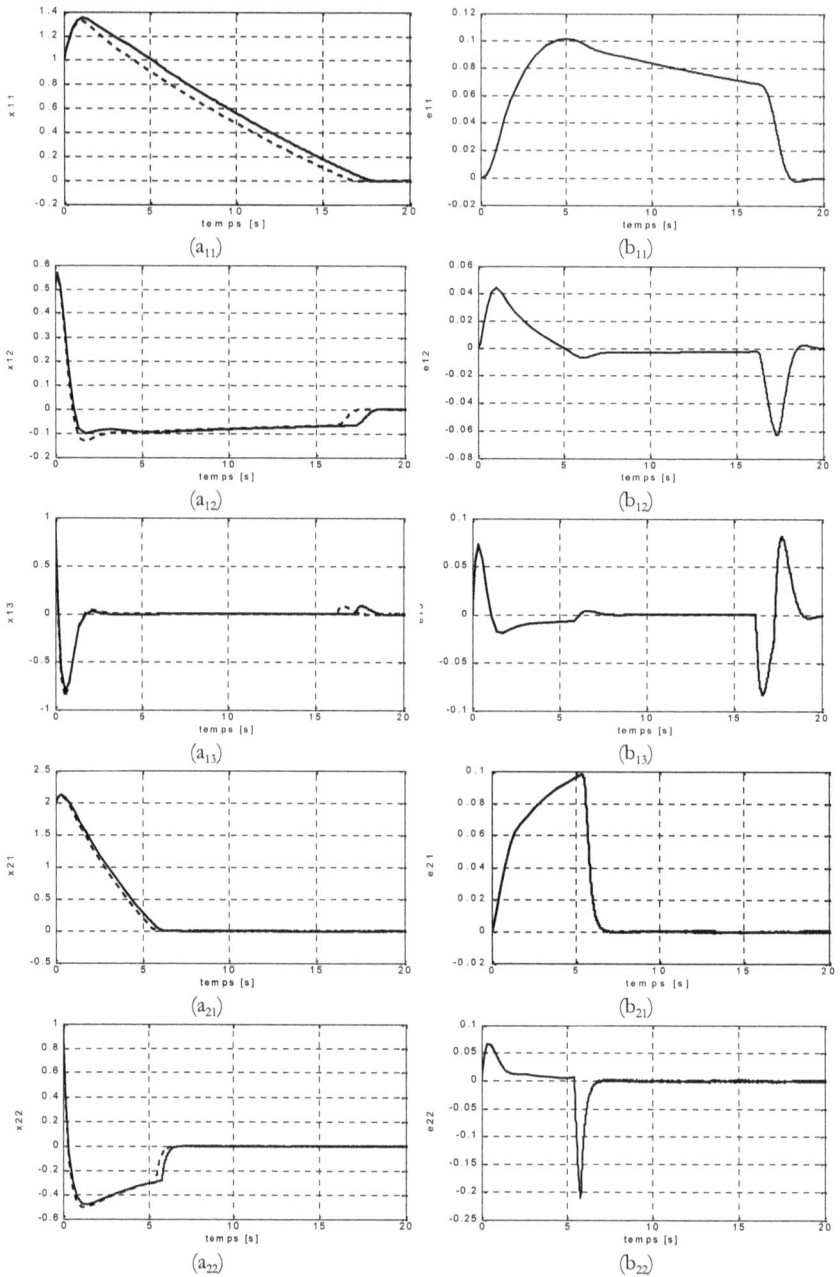

Figure (2.9): (a_{ij}): Variables d'état x_{ij} avec la commande (2.37) du système sans interconnexions (ligne interrompue) et du système interconnecté (ligne continue) (b_{ij}): les erreurs respectives e_{ij}

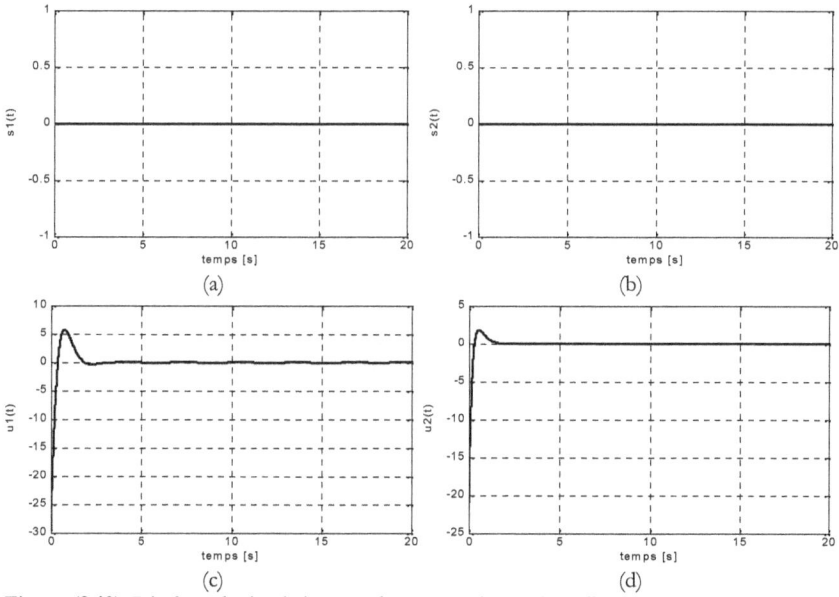

Figure (2.10): Résultats de simulation avec la commande (2.46) appliquée aux sous systèmes sans interconnexions : (a), (b): $s_1(t)$, $s_2(t)$ (c),(d): $u_1(t)$, $u_2(t)$

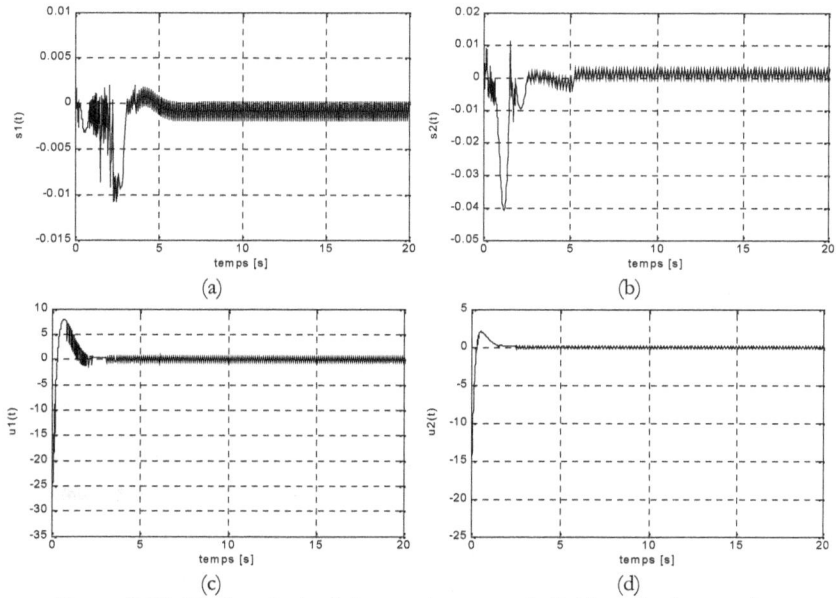

Figure (2.11): Résultats de simulation avec la commande (2.46) appliquée au système interconnecté: (a), (b): $s_1(t)$, $s_2(t)$ (c), (d): $u_1(t)$, $u_2(t)$

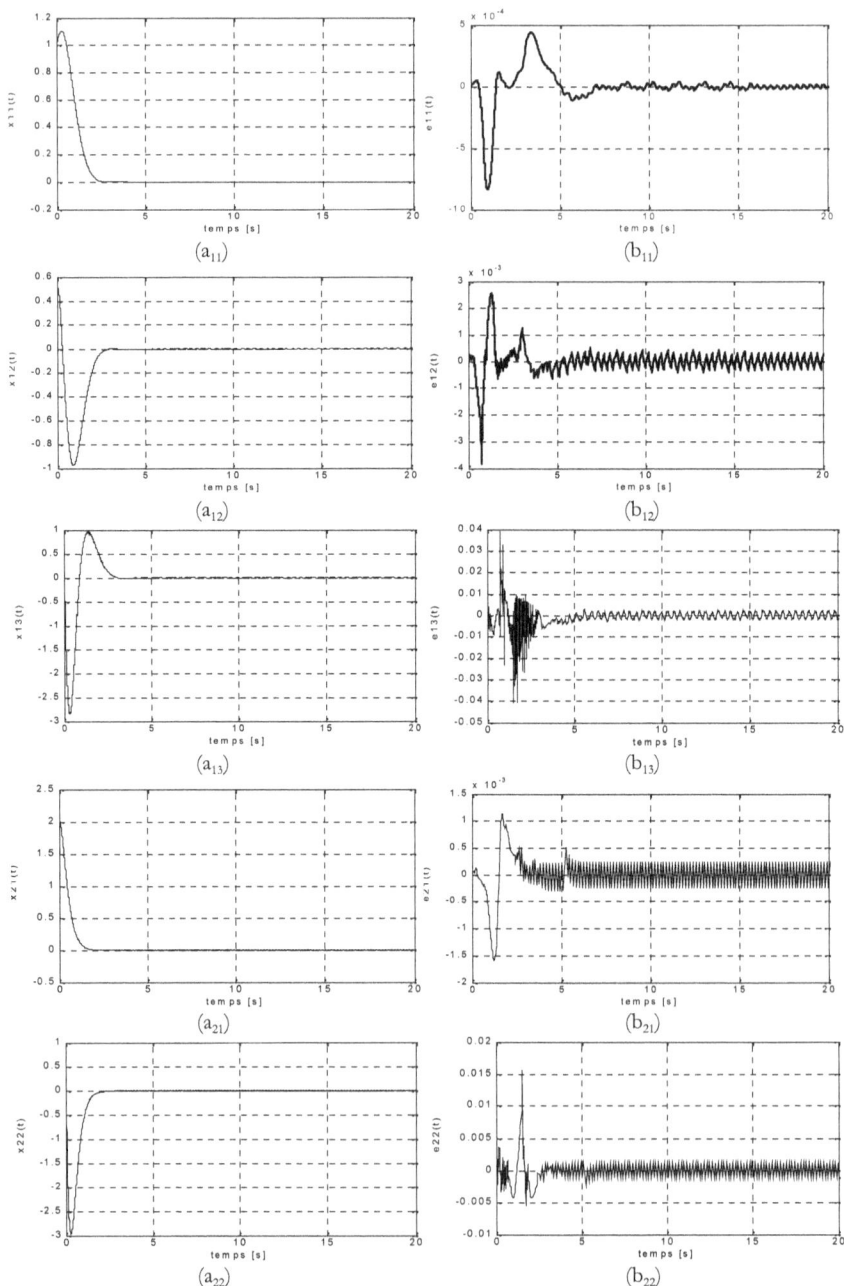

Figure (2.12): (a_{ij}): Variables d'état x_{ij} avec la commande (2.46) du système sans interconnexions (ligne interrompue) et du système interconnecté (ligne continue) (b_{ij}): les erreurs respectives e_{ij}

Les figures (2.7), (2.8) et (2.9) représentent les résultats de simulation en utilisant la commande par mode glissant à ordre réduit donnée par (2.37). Il est facile de déduire à partir des figures (2.7) et (2.8) que les surfaces de commutation, en cas d'absence et de présence d'interconnexion, convergent vers zéro en un temps fini. Ce qui confirme l'existence de la phase d'atteignabilité avant l'apparition du mode glissant. Ce dernier est caractérisé par la présence des commutations hautes fréquences au niveau des composantes de la commande. Une autre remarque à tirer est que le mode glissant apparaît dans le cas du système interconnecté dans un temps supérieur à celui mis dans le cas d'absence d'interconnexions.

A partir de la figure (2.9), on remarque que les variables d'état convergent vers zéro. Cependant, il est clair que, durant la phase d'atteignabilité, il existe des erreurs assez nettes entre les réponses des variables d'état du système sans interconnexions et de celui interconnecté.

Les figures (2.10), (2.11) et (2.12) représentent les résultats de simulation en utilisant la commande par mode glissant à ordre complet donnée par (2.46). En l'absence d'interconnexions, la figure (2.10) montre que les surfaces de commutation sont constamment nulles et les composantes de la commande sont continues. Pour le système interconnecté, les surfaces de commutation commencent à partir de zéro tout en oscillant dans un voisinage faible, ce qui se traduit par l'immédiate commutation des composantes de la commande. Par conséquent, nous déduisons l'existence, dès le départ, du mode glissant.

La figure (2.12) indique, en plus de la convergence vers l'origine, que les variables d'état pour les deux cas sont superposées, cette remarque est confirmée par de très faibles erreurs entre ces variables.

En résumé, nous pouvons déduire, à partir de ces résultats de simulation que, les deux commandes proposées assurent l'existence du mode glissant stable. Cependant, celle à ordre complet s'impose, comme plus avantageuse que la première, par l'élimination de l'effet des interconnexions dès le départ suite à l'apparition initiale du mode glissant.

2.5 Commande décentralisée des systèmes interconnectés incertains

Dans le paragraphe 2.4, nous avons envisagé le problème de synthèse de la commande décentralisée par mode glissant des systèmes linéaires interconnectés suivant les deux approches à ordre réduit et à ordre complet. L'étude proposée a montré que les lois de commande, conçues par l'une et l'autre, ont garanti l'apparition du mode glissant pour le système global ainsi que la convergence vers l'origine des variables d'état et ceci par action appropriée sur l'effet des interconnexions. Toutefois, Il est à signaler que la commande à ordre complet apparaît plus avantageuse que celle à ordre réduit. Pour cette raison, nous nous intéressons, dans cette partie, à étendre l'étude, basée sur l'approche à ordre complet, au cas des systèmes interconnectés incertains. Ainsi, l'objectif est de concevoir une loi de commande qui tient en compte, aussitôt des interconnexions, que de l'effet des incertitudes et des perturbations.

Le système considéré est constitué par N sous systèmes interconnectés E_i décrits par la représentation d'état suivante:

$$\dot{x}_i = (A_i + \Delta A_i)x_i + (B_i + \Delta B_i)u_i + w_i(x_i,t) + \sum_{j \neq i}^{N} A_{ij}x_j \qquad (2.49)$$

où:

$x_i \in \mathbb{R}^{n_i}$ et $u_i \in \mathbb{R}^{m_i}$ sont respectivement le vecteur d'état et l'entrée de commande, $A_{ii} \in \mathbb{R}^{n_i \times n_i}$ et $B_i \in \mathbb{R}^{n_i \times m_i}$ sont respectivement les matrices d'état et de commande du sous système E_i avec $rang(B_i) = m_i$.

A_{ij}, $j \neq i$, est la matrice d'interconnexion spécifiant l'action du sous système E_j sur le sous système E_i.

ΔA_i et ΔB_i sont les matrices d'incertitudes et $w_i(x_i,t) \in \mathbb{R}^{n_i}$ représente le vecteur des perturbations et des non linéarités non modélisées.

On suppose, dans ce cas, qu'en plus des hypothèses (A1) et (A2) définies pour le système (2.29), les incertitudes et les perturbations vérifient les deux hypothèses suivantes:

A3. les matrices d'incertitudes ΔA_i et ΔB_i sont des fonctions continues du vecteur des paramètres incertains $p \in P \subset \mathbb{R}^p$

$$\Delta A_i = \Delta A_i(p), \qquad \Delta B_i = \Delta B_i(p)$$

A4. il existe des matrices $D_i(p) \in \mathbb{R}^{m_i \times n_i}$, $E_i(p) \in \mathbb{R}^{m_i \times m_i}$ et un vecteur $v_i(x_i,t) \in \mathbb{R}^{m_i}$ tels que les conditions adaptées suivantes sont vérifiées:

$$\Delta A_i = B_i D_i, \qquad \Delta B_i = B_i E_i, \qquad w_i(x_i,t) = B_i v_i(x_i,t)$$

avec :

$$\|D_i\| \leq \delta_i, \qquad \|v_i(x_i,t)\| \leq \upsilon_i,$$

$$E_i = diag(e_{ik}), \qquad 1 \leq k \leq m_i \quad \text{tel que: } \max|e_{ik}| \leq \varepsilon_i < 1$$

2.5.1 Commande robuste décentralisée par mode glissant à ordre complet

Nous appliquons, dans ce paragraphe, à la classe de systèmes considérée la même approche de commande présentée pour les systèmes linéaires interconnectés. La démarche de synthèse à suivre est alors la même, sauf qu'il faut mettre en considération les particularités du système en question par rapport au premier. En effet, nous tenons en compte du fait que les commandes u_i ne sont plus scalaires ($u_i \in \mathbb{R}^{m_i}$) et de l'existence des incertitudes et des perturbations.

2.5.1.1 Synthèse de la surface de glissement

La surface de glissement est choisie de la même façon que pour les systèmes linéaires interconnectés. Ainsi elle est donnée par les équations (2.41), (2.42) et (2.43). La seule modification est au niveau de gain de retour d'état F_i qui n'est plus un vecteur ligne mais il est une matrice : $F_i \in \mathbb{R}^{m_i \times n_i}$.

L'application de la condition d'apparition du mode glissant donne, en utilisant (2.41) et (2.49), l'expression de la commande équivalente:

$$u_{e,i} = -(I + E_i)^{-1}\left[-u_{a,i} + \sum_{j \neq i}^{N} H_{ij}x_j + D_i x_i + v_i(x_i,t)\right] \tag{2.50}$$

En remplaçant la commande dans (2.49) par l'expression de la commande équivalente (2.50), nous trouvons l'équation d'état du système en mode glissant de la forme (2.45). Cette équation d'état montre que le système en mode glissant est totalement insensible à la présence des interconnexions, des incertitudes et des perturbations; seul le choix de F_i fixe les dynamiques du système en mode glissant.

2.5.1.2 Synthèse de la loi de commande

Comme c'est déjà expliqué, la commande doit être conçue en respectant une condition d'atteignabilité; celle considérée est inspirée de celle utilisée pour le cas précédent.

Soit alors, la fonction candidate de Lyapunov exprimée par [9], [11], [12]:

$$V(t) = \sum_{i=1}^{N} \|s_i\| \tag{2.51}$$

La dérivée par rapport au temps de cette fonction aboutit à la condition d'atteignabilité que doit satisfaire la trajectoire d'état. Cette condition est par conséquent décrite par:

$$\dot{V}(t) = \sum_{i=1}^{N} \frac{s_i^T \dot{s}_i}{\|s_i\|} < 0 \tag{2.52}$$

La loi de commande que nous proposons, en concordance avec cette condition d'atteignabilité, est énoncée à travers le théorème suivant.

Théorème 2.5: [9]

Pour le système interconnecté incertain E décrit par (2.49) et vérifiant les hypothèse (A1),(A2), (A3) et (A4), la loi de commande conçue selon l'expression suivante:

$$u_i(x_i) = u_{a,i} + u_{n,i}(x_i) \tag{2.53}$$

où, $u_{a,i}$ est donnée par (2.43), et la composante non linéaire $u_{n,i}$ est exprimée par:

$$u_{s,i} = -\frac{1}{1-\varepsilon_i}\left[\eta_i + \upsilon_i + (\delta_i + \varepsilon_i f_i + \frac{1}{\beta_i}\sum_{j\neq i}^{N}\beta_j h_{ji})\|x_i\|\right]\frac{\Gamma_i}{\|\Gamma_i\|} \tag{2.54}$$

avec: η_i un scalaire positif, $\beta_i = B_i^T B_i$, $f_i = \|F_i\|$ et $\Gamma_i^T = s_i^T B_i^T B_i$,

préserve l'existence immédiate du mode glissant stable.

Démonstration:

L'exploitation des équations (2.41), (2.42), (2.49), nous permet de réécrire (2.52) sous la forme suivante:

$$\dot{V}(t) = \sum_{i=1}^{N}\frac{s_i^T}{\|s_i\|}B_i^T B_i\left[(D_i - E_i F_i)x_i + (I_{m_i} + E_i)u_{n,i} + \upsilon_i(x_i,t) + \sum_{j\neq i}^{N}H_{ij}x_j\right] \tag{2.55}$$

En remplaçant dans (2.55), la commande par celle donnée par (2.53), on obtient:

$$\dot{V}(t) = V_1 + V_2 \tag{2.56}$$

avec:

$$V_1 = \sum_{i=1}^{N}\frac{s_i^T}{\|s_i\|}B_i^T B_i\Big[(D_i - E_i F_i)x_i + \upsilon_i(x_i,t) \\ -(I_{m_i} + E_i)\frac{1}{1-\varepsilon_i}(\eta_i + \upsilon_i + (\delta_i + \varepsilon_i f_i)\|x_i\|)\frac{\Gamma_i}{\|\Gamma_i\|}\Big] \tag{2.57}$$

$$V_2 = \sum_{i=1}^{N}\frac{s_i^T}{\|s_i\|}B_i^T B_i\left[\sum_{j\neq i}^{N}H_{ij}x_j - (I_{m_i} + E_i)\frac{1}{1-\varepsilon_i}\frac{1}{\beta_i}\sum_{j\neq i}^{N}\beta_j h_{ij}\|x_i\|\frac{\Gamma_i}{\|\Gamma_i\|}\right] \tag{2.58}$$

en manipulant (2.57), il vient:

$$V_1 = \sum_{i=1}^{N}\frac{\Gamma_i^T}{\|s_i\|}\Big[(D_i - E_i F_i)x_i + \upsilon_i(x_i,t) \\ -\frac{1}{1-\varepsilon_i}(\eta_i + \upsilon_i + (\delta_i + \varepsilon_i f_i)\|x_i\|)(I_{m_i} + E_i)\frac{\Gamma_i}{\|\Gamma_i\|}\Big]$$

or:

$$\Gamma_i^T(I_{m_i} + E_i)\frac{\Gamma_i}{\|\Gamma_i\|} = \frac{1}{\|\Gamma_i\|}\sum_{k=1}^{m_i}(1 + e_{ik})\Gamma_{ik}^2 \geq (1-\varepsilon_i)\|\Gamma_i\|$$

Ainsi, on a:

$$V_1 \leq \sum_{i=1}^{N}\frac{\|\Gamma_i\|}{\|s_i\|}\big[\|D_i - E_i F_i\|\|x_i\| + \|\upsilon_i(x_i,t)\| - (\eta_i + \upsilon_i + (\delta_i + \varepsilon_i f_i)\|x_i\|)\big]$$

$$V_1 \leq \sum_{i=1}^{N}\frac{\|\Gamma_i\|}{\|s_i\|}\big[(\|D_i\| + \|E_i\|\|F_i\|)\|x_i\| + \|\upsilon_i(x_i,t)\| - (\eta_i + \upsilon_i + (\delta_i + \varepsilon_i f_i)\|x_i\|)\big]$$

d'où:

$$V_1 \leq -\sum_{i=1}^{N} \eta_i < 0 \tag{2.59}$$

de même, on a:

$$
\begin{aligned}
V_2 &\leq \sum_{i=1}^{N} \left[\sum_{j \neq i}^{N} \left\| B_j^T B_j \right\| \left\| H_{ji} \right\| \left\| x_i \right\| - \frac{1}{\|s_i\| \beta_i} \sum_{j \neq i}^{N} \beta_j h_{ij} \|x_i\| \|\Gamma_i\| \right] \\
&\leq \sum_{i=1}^{N} \left[\sum_{j \neq i}^{N} \left\| B_j^T B_j \right\| \left\| H_{ji} \right\| \left\| x_i \right\| - \sum_{j \neq i}^{N} \beta_j h_{ij} \|x_i\| \right] \\
&= \sum_{i=1}^{N} \sum_{j \neq i}^{N} \left[\left\| B_j^T B_j \right\| \left\| H_{ji} \right\| - \beta_j h_{ij} \right] \|x_i\| \leq 0
\end{aligned}
\tag{2.60}
$$

A partir de (2.56), (2.57), (2.59) et (2.60), nous déduisons que:

$$\dot{V}(t) \leq V_1 < -\sum_{i=1}^{N} \eta_i < 0$$

Ainsi la condition d'atteignabilité est vérifiée.

2.5.2 Application à un système de double pendules inverses

2.5.2.1 Présentation du système

Pour tester l'efficacité de la commande proposée, nous envisageons l'application de cette loi de commande à un système composé par deux pendules inverses identiques qui sont couplés par un ressort et soumis à l'action de deux différents efforts, comme indiqué par la figure (2.13) [9].

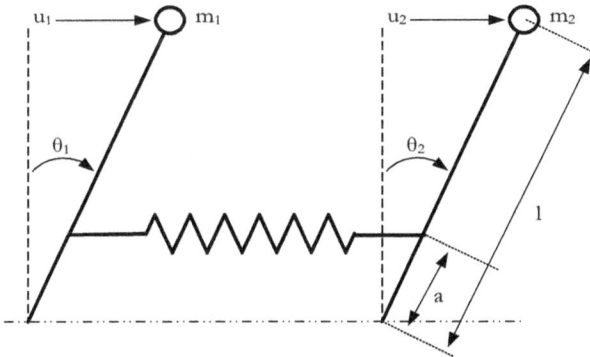

Figure (2.13): Double pendules inverses

u_1 et u_2 représentent respectivement les efforts exercés sur les masses m_1 et m_2 des deux pendules.

θ_1 et θ_2 sont les positions angulaires de premier et de deuxième pendule par rapport à l'axe horizontal.

Le modèle décrivant le comportement dynamique du système est donné par la représentation d'état suivante:

$$\begin{cases} \dot{x}_1 = (A_1 + \Delta A_1)x_1 + A_{12}x_2 + (B_1 + \Delta B_1)u_1 \\ \dot{x}_2 = (A_2 + \Delta A_2)x_2 + A_{21}x_1 + (B_2 + \Delta B_2)u_2 \end{cases}$$

avec:

$$x_1 = \begin{bmatrix} x_{11} & x_{12} \end{bmatrix}^T = \begin{bmatrix} \theta_1 & \dot{\theta}_1 \end{bmatrix}^T, \qquad x_2 = \begin{bmatrix} x_{21} & x_{22} \end{bmatrix}^T = \begin{bmatrix} \theta_2 & \dot{\theta}_2 \end{bmatrix}^T$$

$$A_1 = A_2 = \begin{bmatrix} 0 & 1 \\ 1 & 0 \end{bmatrix}, \qquad B_1 = \begin{bmatrix} 0 \\ 1 \end{bmatrix}, \qquad B_2 = \begin{bmatrix} 0 \\ 2 \end{bmatrix}$$

$$A_{12} = \begin{bmatrix} 0 & 0 \\ \dfrac{a^2(t)}{(1+\Delta m_1)l^2} & 0 \end{bmatrix}, \qquad A_{21} = \begin{bmatrix} 0 & 0 \\ \dfrac{2a^2(t)}{(1+\Delta m_2)l^2} & 0 \end{bmatrix}$$

$$\Delta A_1 = \begin{bmatrix} 0 & 0 \\ \dfrac{-a^2(t)}{(1+\Delta m_1)l^2} & 0 \end{bmatrix}, \qquad \Delta A_2 = \begin{bmatrix} 0 & 0 \\ \dfrac{-2a^2(t)}{(1+\Delta m_2)l^2} & 0 \end{bmatrix}$$

$$\Delta B_1 = \begin{bmatrix} 0 \\ -\dfrac{\Delta m_1}{1+\Delta m_1} \end{bmatrix}, \qquad \Delta B_2 = \begin{bmatrix} 0 \\ -\dfrac{4\Delta m_2}{1+\Delta m_2} \end{bmatrix}$$

où, Δm_1 et Δm_2 sont respectivement les incertitudes sur les masses m_1 et m_2.

$a(t)$ est la position de ressort de couplage par rapport à la longueur l de pendule.

Supposons les données suivantes:

$$|\Delta m_1| < 0.1, \qquad |\Delta m_2| < 0.05 \quad \text{et} \quad a(t) \leq l$$

Le système considéré vérifie les hypothèses (A1), (A2), (A3) et (A4), à savoir:

$$D_1 = \begin{bmatrix} -\dfrac{a^2(t)}{(1+\Delta m_1)l^2} & 0 \end{bmatrix}, \qquad \delta_1 = \|D_1\| \leq \dfrac{1}{0.9} = 1.11$$

$$D_2 = \begin{bmatrix} -\dfrac{2a^2(t)}{(1+\Delta m_2)l^2} & 0 \end{bmatrix}, \qquad \delta_2 = \|D_2\| \leq \dfrac{2}{0.95} = 2.10$$

$$E_1 = \dfrac{-\Delta m_1}{1+\Delta m_1}, \qquad \varepsilon_1 = \|E_1\| = \dfrac{0.1}{1-0.1} = 0.11$$

$$E_2 = \dfrac{-2\Delta m_2}{1+\Delta m_2}, \qquad \varepsilon_2 = \|E_2\| = \dfrac{0.05}{1-0.05} = 0.05$$

$$H_{12} = \left[\frac{a^2(t)}{(1 + \Delta m_1)l^2} \quad 0 \right], \quad h_{12} = \| H_{12} \| \leq \frac{1}{0.9} = 1.11$$

$$H_{21} = \left[\frac{2a^2(t)}{(1 + \Delta m_2)l^2} \quad 0 \right], \quad h_{21} = \| H_{21} \| \leq \frac{2}{0.95} = 2.10$$

2.5.2.2 Commande par mode glissant à ordre complet

Les surfaces de commutation sont choisies selon (2.41). Ainsi, en fixant les pôles des deux sous systèmes égaux à $\left\{ -4, -4 \right\}$, nous déterminons les gains de retour d'état donnés par:

$$F_1 = \begin{bmatrix} 17 & 8 \end{bmatrix}, \quad \text{et} \quad F_2 = \begin{bmatrix} 8.5 & 4 \end{bmatrix}$$

Les deux composantes de la commande par mode glissant à ordre complet sont calculées en utilisant (2.53). Donc pour:

$$\beta_1 = \| B_1^T B_1 \| = 1, \qquad \beta_2 = \| B_2^T B_2 \| = 4$$

$$f_1 = \| F_1 \| = 18.80, \qquad f_2 = \| F_2 \| = 9.40$$

$$\eta_1 = \eta_2 = 0.5$$

nous trouvons:

$$u_1 = -F_1 x_1 - 13.05 \| x_1 \| sign(s_1)$$

$$u_2 = -F_2 x_2 - 3.04 \| x_2 \| sign(s_2)$$

2.5.2.3 Analyse des résultats de simulation

Les résultats de simulation sont présentés pour les conditions initiales suivantes:

$$x_1(0) = \begin{bmatrix} 2 & 1 \end{bmatrix}^T, \; x_2(0) = \begin{bmatrix} 2 & 1 \end{bmatrix}^T$$

A partir de la figure (2.14) il est visible que les surfaces de commutation sont initialement nulles et les composantes de la commande sont discontinues dés l'instant initial, ce qui prouve l'apparition immédiate du mode glissant.

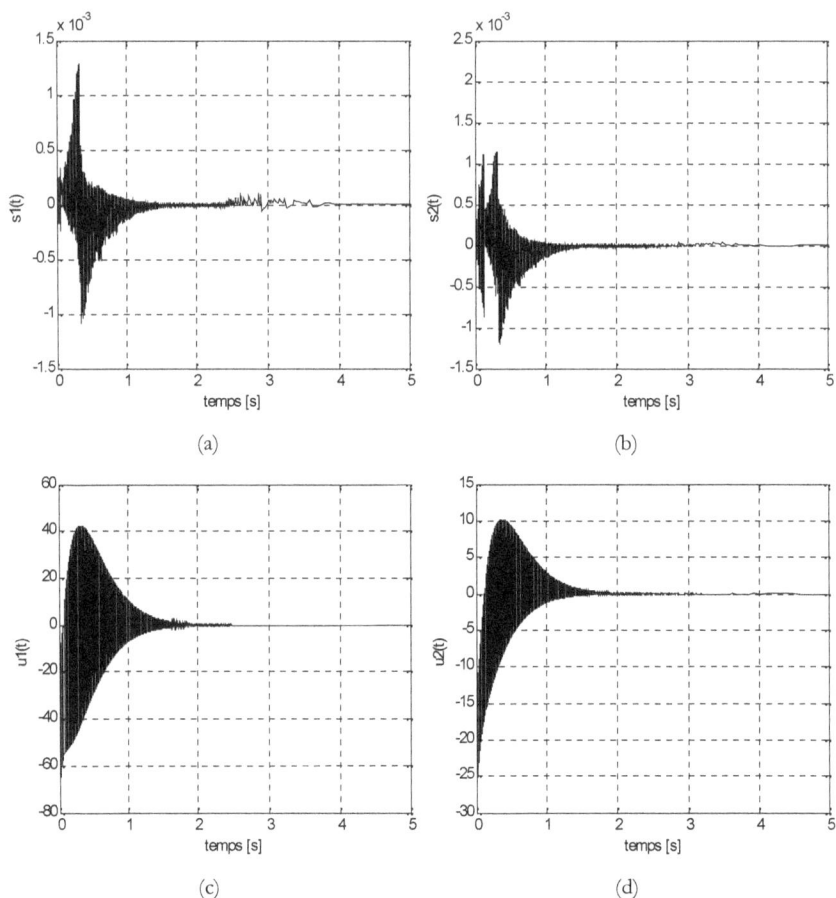

Figure (2.14): Résultats de simulation avec la commande (2.53):

(a), (b): $s_1(t)$, $s_2(t)$ (c),(d): $u_1(t)$, $u_2(t)$

A travers la figure (2.15), nous remarquons que les variables d'état du système incertain sont superposées à celles du système nominal (en l'absence des interconnexions et des incertitudes). Par conséquent, la réjection immédiate et totale de l'effet des interconnexions et des incertitudes par la commande proposée est justifiée.

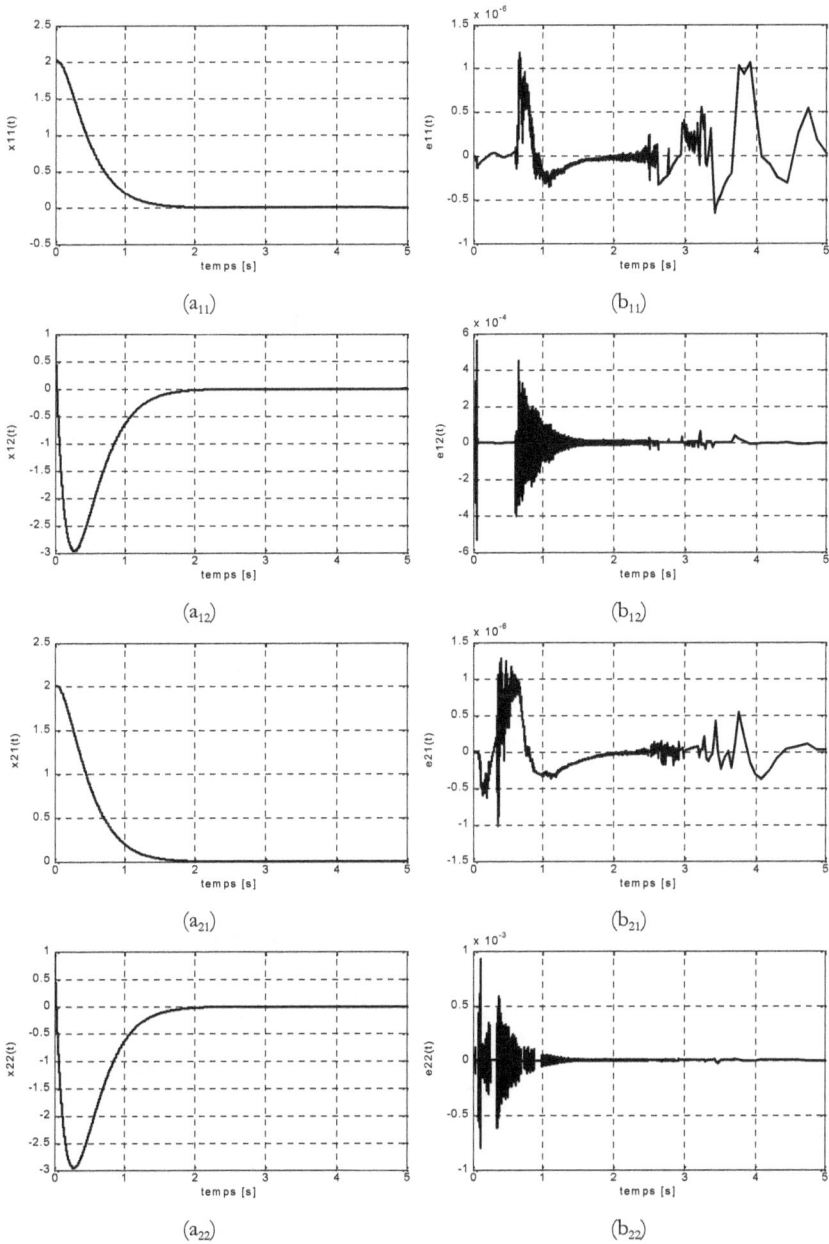

Figure (2.15): (a_{ij}): Variables d'état x_{ij} avec la commande (2.53) du système nominal (ligne interrompue) et du système interconnecté incertain (ligne continue) (b_{ij}): les erreurs respectives e_{ij}

2.6 Conclusion

A travers ce chapitre, deux approches de commande robuste par mode glissant des systèmes incertains sont présentées. La première, dite à ordre réduit, ne donne au système les dynamiques désirées qu'après la phase d'atteignabilité. La deuxième, dite à ordre complet, remède aux insuffisances de la première approche en garantissant la robustesse contre les incertitudes à partir de n'importe quelles conditions initiales grâce à l'apparition immédiate du mode glissant. Les deux approches sont appliquées à un exemple de cinquième ordre; les résultats de simulation confirment la validité des résultats théoriques présentés ainsi que l'importance de la deuxième approche pour la commande robuste par mode glissant des systèmes incertains.

Le problème de la conception de la commande décentralisée par mode glissant des systèmes interconnectés a été aussi envisagé. Dans une première phase, deux lois de commande selon l'approche à ordre réduit et celle à ordre complet ont été proposées pour le cas des systèmes linéaires interconnectés. Ces deux méthodes assurent l'apparition du mode glissant pour le système global et la stabilité du système en boucle fermée. L'application de ces commandes à un exemple numérique a montré la validité des résultats obtenus; toutefois, la commande à ordre complet, grâce à son insensibilité immédiate en présence des interconnexions, est jugée plus avantageuse. Dans une deuxième phase, l'approche de commande à ordre complet a été étendue pour les systèmes interconnectés incertains. La loi de commande ainsi obtenue garantit, en plus de l'apparition immédiate du mode glissant, la robustesse par son invariance totale, dès l'instant initial, à la présence des interconnexions et des incertitudes. Les résultats de simulation, obtenus par application de cette commande à un double pendule inverse, ont montré l'efficacité et la validité de la méthodologie proposée.

Il est clair, à travers l'étude menée dans ce deuxième chapitre, que l'insensibilité et la robustesse en présence des incertitudes font l'avantage principal de la commande par mode glissant, que ce soit par l'approche à ordre réduit ou celle à ordre complet. Toutefois, il est à signaler que la commande par mode glissant, comme toute autre approche, possède des spécifications qui doivent être prises en considération surtout dans la phase d'implémentation. Dans cette orientation, l'amélioration des performances de la commande par mode glissant fera l'objet du troisième chapitre.

Bibliographie du chapitre 2

[1]   A. Akhenak (2004)

"Conception d'observateurs non linéaires par approche multimodèle: application au diagnostic", Thèse de l'Institut National Polytechnique de Lorraine, Nancy, France.

[2]   L. El Ghaoui et S. Niculescu (2000)

"Advances in linear matrix inequality methods in control", Society for Industrial and applied Mathematics (SIAM).

[3]   P. Colaneri, J. C. Geromel et A. Locatelli (1997)

"Control theory and design: a RH2 and RH$_\infty$ Viewpoint", Academic Press.

[4]   V. Utkin, J. Guldner et J. Shi (1999)

"Sliding modes in electromechanical systems", Taylor and Francis, U.K.

[5]   J. Ackermann et V.I. Utkin (1998)

"Sliding mode control design based on Ackermann's formula", IEEE, Trans. Autom. Control, Vol. 43. No 2.

[6]   M. O. Efe, C. Unsal, O. Kaynak et X. Yu (2004)

"Variable structure control of a class of uncertain systems", Automatica, No. 40, pp. 59-64.

[7]   C. Mnasri et M. Gasmi (2007)

"Commande robuste par mode glissant à ordre complet des systèmes multivariables incertains", Nouvelles Tendances en Génie Electrique et Informatique, GEI'07, Monastir, Tunisie, édition CPU.

[8]   C. Mnasri et M. Gasmi (2007)

"Decentralized sliding mode control for linear interconnected systems," Fourth Int. Multi-Conference on Systems, Signals and Devices, SSD'07, Hammamet, Tunisia.

[9]   C. Mnasri et M. Gasmi (2007)

"Robust decentralized sliding mode control for large scale uncertain systems", 26th Chinese Control Conference, China.

[10] K. C. Hsu (1998)

"Decentralized variable structure model-following adaptive control for interconnected systems with series nonlinearities", Int. J. Systems Science, Vol. 29 (No 4), p. 365-372.

[11]   C. H. Chou et C. C. Cheng (2000)

"Decentralized model following variable structure control for perturbed large-scale systems with time-delay interconnections", Proc. American Control Conf., Chicago, June, pp. 641-645.

[12]   K.C. Hsu (1998)

"Variable structure control design for uncertain systems with sector nonlinearities", Automatica, Vol. 34, No. 4, pp. 505-508.

[13]   C. Feng et Y. Wu (1996)
"A Design scheme of variable structure adaptive control for uncertain dynamic systems", Automatica, Vol. 32, No. 4, pp. 561-567.

[14]   Q. P. Ha, Q. H. Nguyen, D. C. Rye et H. F. Durrant-Whyte (1999)

"Robust sliding mode control with applications", Int. J. Control, Vol. 72, No. 12.

[15]   D. S. Yoo, M. J. Chung (1992)

"A variable structure control with simple adaptation laws for upper bounds on the norm of the uncertainties", IEEE Trans. Autom. Control, Vol. 37 (No 6), pp. 860-864.

[16]   Q. P. Ha, Q. H. Nguyen, D. C. Rye, H. F. Durrant-Whyte (2001)

"Fuzzy sliding-mode controllers with applications", IEEE, Trans. Ind. Electronics, Vol. 48, No. 1.

[17]   C.-C. Cheng et I. M. Liu (1999)

"Design of MIMO integral variable structure controllers", Journal of the Franklin Institute, No. 336, pp. 1119-1134.

W. J. Wang et J. L. Lee (1993)

[18]   "Decentralized variable structure control design in perturbed nonlinear systems", ASME J. Dynamics Systems, Measurement, and Control, Vol. 115, pp. 551-554.

[19]   K. K. Shyu et C. Y. Liu (1996)

"Variable structure controller design for robust tracking and model following", J. Guidance, Control, and Dynamics, Vol. 19, No. 6, pp. 1395-1397.

[20]   A. Sellami (1999)

"Contribution à l'étude de la commande robuste en mode glissant des systèmes linéaires incertains", Thèse de Doctorat en Génie Electrique, ENIT, Tunis.

Chapitre 3

Application à l'Amélioration des Performances
de la Commande par Mode Glissant

3.1 Introduction

Le présent chapitre est consacré à l'amélioration des performances de la commande par mode glissant, afin de la rendre plus attractive dans la phase d'implémentation. Ainsi, nous procèderons à surmonter trois limitations qui peuvent défavoriser l'application d'une telle approche.

La première limitation provient du fait que l'étude, présentée dans les chapitres précédents, est basée sur la synthèse des lois de commande par mode glissant avec retour d'état, d'où la supposition de la disponibilité de toutes les variables d'état du système étudié. Cette hypothèse est loin d'être vérifiée dans la majorité des systèmes réels. Nous abordons alors le problème de la commande par mode glissant avec retour de sortie. La méthode proposée sera détaillée après la présentation d'une procédure originale pour la détermination explicite des paramètres de l'observateur. La validité des résultats obtenus sera examinée, par simulation, à travers un exemple numérique.

La deuxième limitation se manifeste par la nécessité de connaissance des bornes des incertitudes et des perturbations dans le choix des gains de la composante non linéaire de la commande. Cette tâche peut être très difficile à exécuter à cause de la complexité de la détermination analytique de ces bornes. La troisième limitation concerne un problème spécifique à la commande par mode glissant qui est le phénomène de chattering. Ce phénomène est le principal handicap devant l'utilisation pratique du mode glissant. En effet, après l'analyse du phénomène de chattering, nous présenterons une démarche de commande qui combinera les avantages des techniques

---

d'adaptation au mode glissant, pour aboutir à une commande par mode glissant adaptatif, permettant de résoudre le problème de la connaissance des bornes des incertitudes et diminuant en même temps l'amplitude des commutations de la commande. Puis cette approche sera alignée aux facultés de la logique floue, afin de concevoir une commande par mode glissant adaptatif flou qui non seulement favorise l'élimination du phénomène de chattering, mais aussi préserve la robustesse et perfectionne les performances de poursuite de référence. L'application à un modèle de robot manipulateur, montrera l'efficacité et la supériorité de l'approche proposée.

3.2 Commande par mode glissant avec retour de sortie

3.2.1 Synthèse d'observateur linéaire à entrées inconnues

3.2.1.1 Description du système

Nous considérons, dans ce chapitre, la classe de systèmes donnée par la représentation d'état suivante:

$$
\begin{aligned}
\dot{x}(t) &= Ax(t) + Bu(t) + w(x,t) \\
y(t) &= Cx(t)
\end{aligned}
\tag{3.1}
$$

avec:

$x(t) \in \mathbb{R}^n$ est le vecteur d'état , $u(t) \in \mathbb{R}^m$ est le vecteur de commande, $y(t) \in \mathbb{R}^r$ est le vecteur de sortie et $w(x,t) \in \mathbb{R}^n$ est le vecteur regroupant des non linéarités du systèmes, des incertitudes et des perturbations.

$A \in \mathbb{R}^{n \times n}$, $B \in \mathbb{R}^{n \times m}$ et $C \in \mathbb{R}^{r \times n}$ sont des matrices constantes caractérisant le système nominal.

On suppose que le système vérifie les hypothèses suivantes:

A1. le système nominal donnée par le triplet (A, B, C) est commandable et observable,

A2. les matrices B et C sont tels que: $rang(B) = m$, $rang(C) = r$, $r > m$,

A3. le vecteur $w(x,t) \in \mathbb{R}^n$ vérifie la condition suivante:

$$
w(x,t) = Bv(x,t), \qquad v(x,t) \in \mathbb{R}^m, \qquad \|v(x,t)\| \le v_0(t)
$$

3.2.1.2 Choix de l'observateur

Pour le système considéré, l'observateur d'état doit être conçu en tenant en compte l'existence du vecteur $w(x,t)$. Ainsi, nous choisissons un observateur d'état dynamique sous la forme suivante [1], [2], [3]:

$$\begin{cases} \dot{\eta} = D\eta + Hu + Ey \\ \hat{x} = \eta - My \end{cases} \tag{3.2}$$

avec D, H, E et M sont des matrices constantes, de dimensions appropriées, qui doivent être déterminées.

L'erreur d'estimation est définie par la différence entre le vecteur d'état du système et celui de l'observateur, à savoir:

$$e(t) = x(t) - \hat{x}(t) \tag{3.3}$$

Cette expression peut être réécrite selon la forma suivante:

$$e(t) = Px(t) - \eta(t) \tag{3.4}$$

avec P est une matrice donnée par:

$$P = I + MC \tag{3.5}$$

En utilisant (3.1), (3.2) et (3.4), le comportement dynamique de l'erreur d'estimation est décrit par:

$$\dot{e}(t) = P\dot{x} - \dot{\eta}$$
$$= PAx + PBu + PBv(x,t) - D\eta - Hu - Ey$$
$$= PAx + PBu + PBv(x,t) - D(-e + Px) - Hu - ECx$$

d'où, on obtient:

$$\dot{e}(t) = (PA - DP - EC)x + (PB - H)u + PBv(x,t) + De(t) \tag{3.6}$$

A partir de cette équation, pour que l'erreur d'estimation converge vers zéro, il est nécessaire que les conditions suivantes soient vérifiées:

$$R_e\left[\lambda_{\max}(D)\right] < 0\,, \tag{3.7}$$

$$PA - DP = EC\,, \tag{3.8}$$

$$H = PB\,, \tag{3.9}$$

$$PB = 0\,. \tag{3.10}$$

Sous ces hypothèses, la dynamique de l'erreur est donnée par :

$$\dot{e}(t) = De(t) \tag{3.11}$$

3.2.1.3 Détermination des paramètres de l'observateur

A partir des quatre conditions introduites dans le paragraphe précédent, le problème de synthèse de l'observateur se réduit à la détermination des trois matrices D, P et E. Pour rendre explicite le calcul de ces matrices, il est judicieux de mettre la matrice de sortie C sous la forme canonique C_t suivante [4], [5], [6]:

$$C_t = \begin{bmatrix} I_r & 0 \end{bmatrix} \tag{3.12}$$

Cette forme canonique peut être obtenue par l'utilisation de changement de base $x = Tx_t$, où T est une matrice de passage donnée par [6], [7]:

$$T = \begin{bmatrix} C^T(CC^T)^{-1} & N_C \end{bmatrix} \tag{3.13}$$

avec les colonnes de $N_C \in \mathbb{R}^{n \times (n-r)}$ forment une base de l'espace nul de C ($\ker(C)$).

Par conséquent, l'équation d'état du système (3.1) et l'équation de l'observateur (3.2) peuvent être réécrites dans la nouvelle base, respectivement, selon:

$$\begin{aligned} \dot{x}_t(t) &= A_t x_t(t) + B_t u(t) + B_t v(x,t) \\ y(t) &= C_t x_t(t) \end{aligned} \tag{3.14}$$

$$\begin{cases} \dot{\eta}_t = D_t \eta_t + H_t u + E_t y \\ \hat{x}_t = \eta_t - M_t y \end{cases} \tag{3.15}$$

où, les matrices des nouvelles équations sont données par:

$$A_t = T^{-1}AT = \begin{bmatrix} a_{11} & \cdots & a_{1n} \\ \vdots & \ddots & \vdots \\ a_{n1} & \cdots & a_{nn} \end{bmatrix}, \; B_t = T^{-1}B = \begin{bmatrix} b_{11} & \cdots & b_{1m} \\ \vdots & \ddots & \vdots \\ b_{n1} & \cdots & b_{nm} \end{bmatrix} \tag{3.16}$$

$$\begin{aligned} D_t &= T^{-1}DT, H_t = T^{-1}H \\ E_t &= T^{-1}E, P_t = T^{-1}PT \\ M_t &= T^{-1}M \end{aligned} \tag{3.17}$$

Compte tenu de principe d'invariance par changement de base, les contraintes imposées sur les matrices caractérisants l'observateur restent les mêmes dans la nouvelle base:

$$R_e\lambda_{\max}(D_t) < 0, \tag{3.18}$$

$$P_t A_t - D_t P_t = E_t C_t, \tag{3.19}$$

$$H_t = P_t B_t, \tag{3.20}$$

$$P_t B_t = 0. \tag{3.21}$$

La condition (3.7) peut être garantie par fixation des dynamiques désirées de l'observateur en utilisant la technique de placement des pôles:

$$D = A - LC \tag{3.22}$$

avec $L \in \mathbb{R}^{n \times r}$ est une matrice à déterminer de façon à obtenir les pôles désirés de D.

Il est clair à partir de (3.20) et (3.21) que:

$$H_t = 0 \tag{3.23}$$

Pour obtenir les matrices P_t, E_t et M_t, nous exploitons les relations (3.12) (3.19) et (3.21); Les expressions suivantes sont alors extraites [7]:

$$E_t = (P_t A_t - D_t P_t) \begin{bmatrix} I_r \\ 0 \end{bmatrix} \tag{3.24}$$

$$(P_t A_t - D_t P_t) \begin{bmatrix} 0 \\ I_{n-r} \end{bmatrix} = 0 \tag{3.25}$$

$$M_t = (P_t - I_n) \begin{bmatrix} I_r \\ 0 \end{bmatrix} \tag{3.26}$$

$$(P_t - I_n) \begin{bmatrix} 0 \\ I_{n-r} \end{bmatrix} = 0 \tag{3.27}$$

Nous pouvons remarquer, à partir des relations (3.24) et (3.26), que les matrices E_t et M_t peuvent être facilement tirées une fois la matrice P_t est déterminée.

Commençons alors par écrire P_t sous la forme suivante:

$$P_t = \begin{bmatrix} p_1 & p_2 & \cdots & p_n \end{bmatrix} \tag{3.28}$$

avec p_j, $j = 1,...,n$ est la j-ième colonne de P_t. Après réarrangement de l'équation (3.25), nous obtenons l'équation:

$$\Delta \sigma = 0 \tag{3.29}$$

avec $\sigma \in \mathbb{R}^{n^2 \times 1}$ et $\Delta \in \mathbb{R}^{n(n-r) \times n^2}$, sont exprimées par:

$$\sigma = \begin{bmatrix} p_1^T & p_2^T & \cdots & p_n^T \end{bmatrix}^T \tag{3.30}$$

$$\Delta = \begin{bmatrix} a_{1,r+1}I_n & a_{2,r+1}I_n & \cdots & (a_{r+1,r+1}I_n - D_t) & \cdots & a_{n-1,r+1}I_n & a_{n,r+1}I_n \\ a_{1,r+2}I_n & a_{2,r+2}I_n & \cdots & \vdots & \cdots & \vdots & a_{n,r+2}I_n \\ \vdots & \vdots & \vdots & \vdots & \cdots & \vdots & \vdots \\ a_{1,n-1}I_n & a_{2,n-1}I_n & \cdots & \vdots & \cdots & (a_{n-1,n-1}I_n - D_t) & a_{n,n-1}I_n \\ a_{1,n}I_n & a_{2,n}I_n & \cdots & a_{r+1,n}I_n & \cdots & a_{n-1,n}I_n & (a_{n,n}I_n - D_t) \end{bmatrix} \tag{3.31}$$

D'autre part, la condition (3.21) peut être reformulée selon:

$$\Omega \sigma = 0 \tag{3.32}$$

où la matrice $\Omega \in \mathbb{R}^{mn \times n^2}$ est donnée par:

$$\Omega = \begin{bmatrix} b_{11}I_n & b_{21}I_n & \cdots & b_{n1}I_n \\ \vdots & \vdots & \cdots & \vdots \\ b_{1m}I_n & b_{2m}I_n & \cdots & b_{nm}I_n \end{bmatrix} \tag{3.33}$$

La relation (3.27) peut être transformée conformément à:

$$\Sigma \sigma = \xi \tag{3.34}$$

avec $\Sigma \in \mathbb{R}^{n(n-r) \times n^2}$ est égale à:

$$\Sigma = \begin{bmatrix} 0 & I_{n(n-r)} \end{bmatrix} \tag{3.35}$$

Le vecteur $\xi \in \mathbb{R}^{n(n-r)}$ est écrit selon:

$$\xi = \begin{bmatrix} \xi_1^T & \cdots & \xi_n^T \end{bmatrix}^T \tag{3.36}$$

$\xi_i \in \mathbb{R}^n$ est un vecteur donné par:

$$\xi_i = 0, i = 1, \ldots, r,$$

$$\xi_i^T = [0 \quad \cdots \quad 0 \quad \underset{i\acute{e}me\, colonne}{1} \quad 0 \quad \cdots \quad 0], i = r+1, \ldots, n \tag{3.37}$$

Les équations (3.29), (3.32) et (3.34) peuvent être regroupées en une seule égalité linéaire, à savoir:

$$\Lambda \sigma = \ell \tag{3.38}$$

telle que:

$$\Lambda = \begin{bmatrix} \Delta \\ \Omega \\ \Sigma \end{bmatrix}, \Lambda \in \mathbb{R}^{n(2n-2r+m) \times n^2} \tag{3.39}$$

$$\ell = \begin{bmatrix} 0 \\ 0 \\ \xi \end{bmatrix}, \ell \in \mathbb{R}^{n(2n-2r+m)} \tag{3.40}$$

De l'équation (3.38), nous pouvons déduire que pour obtenir une solution σ, il est nécessaire que les conditions suivantes soient vérifiées:

1. $n \geq 2r - m$,

2. la matrice Λ est de rang plein en lignes.

Dans ce cas, σ s'en déduit de (3.38) par:

$$\sigma = (\Lambda^T \Lambda)^{-1} \Lambda^T . \ell \tag{3.41}$$

Une fois, (3.41) est obtenue, nous pouvons facilement extraire la matrice P_t par un simple réarrangement du vecteur σ. Par la suite, il est aisé de retrouver les matrices E_t et M_t en utilisant respectivement (3.24) et (3.26). Dès lors, les matrices P, E et M, caractérisant l'observateur (3.2), sont déduites à partir de (3.17).

Les étapes nécessaires pour le calcul des paramètres de l'observateur sont récapitulées dans la procédure de synthèse suivante:

1) Calculer la matrice de transformation T suivant (3.13),

2) Déterminer les matrices caractérisant le système dans la nouvelle base selon (3.16),

3) Choisir la matrice D par placement des pôles de l'observateur et déduire D_t,

4) Calculer Δ et Ω à partir de (3.31), (3.33),

5) Formuler (3.38) et calculer σ en accordance avec (3.41),

6) Obtenir P_t par réarrangement de σ, en prenant en considération (3.28),

7) Déduire E_t et M_t respectivement par (3.24) et (3.26).

8) Finir par déterminer les matrices P, E et M par transformation de P_t, E_t et M_t selon (3.17).

3.2.2 Synthèse de la commande par mode glissant avec retour de sortie

Dans ce paragraphe, nous nous intéressons à la synthèse de la commande par mode glissant à ordre complet pour le système (3.1). D'une part, cette commande sera conçue par le biais des variables d'état estimées avec l'observateur, objet du paragraphe précédent, ainsi que le vecteur de sortie du système considéré. D'autre part, elle bénéficie des avantages de l'approche à ordre complet pour garantir la stabilité et la robustesse en présence des perturbations.

3.2.2.1 Synthèse de la surface de glissement

D'une façon analogue au cas de la commande par retour d'état (voir § 2.3.3), la surface de commutation est choisie en fonction des variables d'état estimées selon:

$$\hat{s}(t) = B^T \hat{x} + \hat{z} \tag{3.42}$$

avec $\hat{z}$ donnée par l'équation suivante:

$$\dot{\hat{z}} = -B^T A \hat{x} - B^T B \hat{u}_a, \quad \hat{z}(0) = -B^T \hat{x}(0) \tag{3.43}$$

où $\hat{u}_a$ est un vecteur de commande par retour d'état estimé:

$$\hat{u}_a(\hat{x}, t) = F\hat{x} \tag{3.44}$$

$F \in \mathbb{R}^{m \times n}$ est un gain de retour d'état permettant de fixer les pôles du système (3.1) en boucle fermée.

L'application de la condition d'apparition du mode glissant ($\dot{\hat{s}}(t) = 0$) à (3.42), donne, par exploitation de (3.1), (3.3), (3.11) et (3.22), l'expression de la commande équivalente:

$$\hat{u}_{eq} = \hat{u}_a - v(x,t) - \left(B^T B\right) B^T L C e \tag{3.45}$$

Par substitution de (3.45), dans (3.1), nous pouvons exprimer l'équation d'état du système en mode glissant par:

$$\dot{x} = (A + BF)x - B\left[F + \left(B^T B\right)^{-1} B^T L C\right]e \tag{3.46}$$

En plus, de cette dernière équation, l'expression (3.11) et (3.22) permettent de regrouper l'équation d'état du système en mode glissant et celle de l'erreur d'estimation dans l'expression suivante:

$$\begin{bmatrix} \dot{x} \\ \dot{e} \end{bmatrix} = \begin{bmatrix} (A+BF) & -B\left[F+\left(B^TB\right)^{-1}B^TLC\right] \\ 0 & (A-LC) \end{bmatrix} \begin{bmatrix} x \\ e \end{bmatrix} \tag{3.47}$$

L'équation précédente montre que le principe de séparation est vérifié: les dynamiques du système en boucle fermée et celles de l'observateur peuvent être réglées d'une façon indépendante. En effet, les pôles du système-observateur sont constitués par la réunion de ceux désirés en boucle fermée et ceux de l'observateur. De plus, le système est totalement insensible à la présence des perturbations, ce qui permet d'assurer la caractéristique d'invariance du mode glissant, aussi bien dans le cas de la commande par retour de sortie que dans le cas de retour d'état considéré dans le chapitre précédent.

3.2.2.2 Synthèse de la commande par mode glissant à ordre complet

La loi de commande doit être conçue de manière qu'elle oblige la trajectoire d'état à ne pas quitter la surface de glissement. Pour atteindre cet objectif, une condition d'atteignabilité doit être vérifiée. En effet, par dérivation de la fonction candidate de Lyapunov suivante [5], [7], [8]:

$$V(t) = \frac{1}{2}\hat{s}^T\hat{s} \tag{3.48}$$

nous obtenons la condition d'atteignabilité suivante:

$$\dot{V}(t) = \hat{s}^T\dot{\hat{s}} < 0 \tag{3.49}$$

La loi de commande que nous proposons à travers le théorème suivant est dérivée de la condition (3.49).

Théorème 3.1: [8]

Pour le système donné par l'équation (3.1) et vérifiant les hypothèses (A1), (A2) et (A3), si la commande par mode glissant est conçue suivant :

$$u = \hat{u}_a + u_e + \hat{u}_n \tag{3.50}$$

où $\hat{u}_a$ est donnée par (3.44) et $\hat{u}_n$ et u_e sont choisies selon les expressions suivantes :

$$\hat{u}_n = -v_0(t)\frac{\hat{\Gamma}}{\left\|\hat{\Gamma}\right\|} \tag{3.51}$$

$$u_e = -(B^TB)^{-1}B^TLe_y \tag{3.52}$$

avec:

$$\hat{\Gamma}^T = \hat{S}^T(B^TB),$$

$e_y = y - \hat{y}$: *vecteur d'erreur entre les variables de sortie du système et celles de l'observateur,*

alors, l'existence du mode glissant stable est préservée initialement.

Démonstration:

A partir de (3.42), la condition (3.49) peut être réécrite selon:

$$\hat{s}^T \dot{\hat{s}} = \hat{s}^T [B^T \dot{\hat{x}} + \dot{\hat{z}}] \tag{3.53}$$

ainsi, par l'utilisation de (3.1), (3.3) et (3.43) dans la dernière équation nous obtenons:

$$
\begin{aligned}
\hat{s}^T \dot{\hat{s}} &= \hat{s}^T [B^T (Ax + Bu + Bv - De) - B^T A(x - e) - B^T B\hat{u}_a] \\
&= \hat{s}^T [B^T Bu + B^T Bv + B^T (A - D)e - B^T B\hat{u}_a]
\end{aligned}
\tag{3.54}
$$

En remplaçant, D par (3.22) et u par (3.50), l'équation (3.54) devient:

$$
\begin{aligned}
\hat{s}^T \dot{\hat{s}} &= \hat{s}^T [B^T B(\hat{u}_s + u_e + v) + B^T LCe] \\
&= \hat{s}^T [B^T B(\hat{u}_s + v) - B^T LCe + B^T LCe] \\
&= \hat{s}^T B^T B[\hat{u}_s + v] \\
&= \hat{\Gamma}^T [-v_0 \frac{\hat{\Gamma}}{\left\| \hat{\Gamma} \right\|} + v] \le (-v_0 + \| v \|) \left\| \hat{\Gamma} \right\| < 0
\end{aligned}
$$

et le théorème est ainsi démontré.

3.2.3 Exemple d'application

Dans le but de valoriser le travail présenté dans ce chapitre, nous envisageons dans cette section l'application des résultats obtenus à un exemple numérique.

Soit alors, le système incertain décrit selon (3.1), où [8]:

$$
A = \begin{bmatrix} -3 & 0 & 1 \\ 1 & 2 & 0 \\ 0 & 1 & -2 \end{bmatrix}, B = \begin{bmatrix} 0 \\ 1 \\ 0 \end{bmatrix}, C = \begin{bmatrix} 0 & 1 & 0 \\ 1 & 1 & 0 \end{bmatrix}, v(t) = \cos(20\pi t)
$$

Il est facile à vérifier que le système considéré est commandable et observable, la matrice de sortie C est de rang plein $r = 2$ et l'entrée de perturbation $v(t)$ est bornée telle que: $\| v(t) \| \le 1$.

Commençons tout d'abord par le calcul des paramètres de l'observateur à travers l'application de la procédure présentée dans le paragraphe 3.2.2:

1) La matrice de transformation T est calculée selon (3.13):

$$
T = \begin{bmatrix} -1 & 1 & 0 \\ 1 & 0 & 0 \\ 0 & 0 & 1 \end{bmatrix}
$$

2) Les matrices caractérisant le système, dans la nouvelle base, sont données suivant (3.16) par:

$$A_t = \begin{bmatrix} 1 & 1 & 0 \\ 4 & -2 & 1 \\ 1 & 0 & -2 \end{bmatrix} \qquad B_t = \begin{bmatrix} 1 \\ 1 \\ 0 \end{bmatrix} \qquad C_t = \begin{bmatrix} 1 & 0 & 0 \\ 0 & 1 & 0 \end{bmatrix}$$

3) En fixant les pôles de l'observateur à $\{-6, -6 \pm 6j\}$, le gain L est alors donné par:

$$L = \begin{bmatrix} 7 & -7 \\ -7 & -1 \\ 51 & -52 \end{bmatrix}$$

la matrice D de (3.22) s'obtient suivant:

$$D = \begin{bmatrix} -10 & 0 & 1 \\ 0 & -6 & 0 \\ -52 & 0 & -2 \end{bmatrix}$$

et la matrice D_t se déduit par:

$$D_t = \begin{bmatrix} -6 & 0 & 0 \\ 4 & -10 & 1 \\ 52 & -52 & -2 \end{bmatrix}$$

4) Après formulation de (3.38), nous trouvons σ en concordance avec (3.41):

$$\sigma^T = \begin{bmatrix} 0 & -1 & 0 & 0 & 1 & 0 & 0 & 0 & 1 \end{bmatrix}$$

5) Par réarrangement de σ, nous obtenons P_t (chaque trois éléments successifs de σ^T forment une colonne de P_t) :

$$P_t = \begin{bmatrix} 0 & 0 & 0 \\ -1 & 1 & 0 \\ 0 & 0 & 1 \end{bmatrix}$$

6) On calcule E_t et M_t respectivement par (3.24) et (3.26):

$$E_t = \begin{bmatrix} 0 & 0 \\ -7 & 7 \\ -51 & 52 \end{bmatrix}, \; M_t = \begin{bmatrix} -1 & 0 \\ -1 & 0 \\ 0 & 0 \end{bmatrix}$$

7) Enfin, nous déterminons les matrices P, E et M par la transformation de P_t, E_t et M_t selon (3.17):

$$D = \begin{bmatrix} -10 & 0 & 1 \\ 0 & -6 & 0 \\ -52 & 0 & -2 \end{bmatrix}, \qquad P = \begin{bmatrix} 1 & 0 & 0 \\ 0 & 0 & 0 \\ 0 & 0 & 1 \end{bmatrix}$$

$$E = \begin{bmatrix} -7 & 7 \\ 0 & 0 \\ -51 & 52 \end{bmatrix}, \qquad M = \begin{bmatrix} 0 & 0 \\ -1 & 0 \\ 0 & 0 \end{bmatrix}$$

Ainsi, l'observateur donné par (3.2) est totalement caractérisé par la détermination des ces quatre matrices. Nous passons en suite à la deuxième phase qui est la synthèse de la commande par mode glissant avec retour de sortie. La première étape est le choix de la surface de commutation selon (6.42) avec un gain F, permettant de fixer les pôles désirés du système en boucle fermée à $\{-3, -3 \pm j3\}$, donné par:

$$F = \begin{bmatrix} 1 & 6 & 10 \end{bmatrix}$$

La deuxième étape est le calcul de la loi de commande en concordance avec (3.50), telle que:

$$u(\hat{x}) = -\begin{bmatrix} 1 & 6 & 10 \end{bmatrix}\hat{x} - \begin{bmatrix} 7 & 1 \end{bmatrix}(y - \hat{y}) - sign(\hat{s})$$

Les résultats de simulations sont obtenus pour les conditions initiales suivantes:

$$x_0 = \begin{bmatrix} 1 & 0 & -1 \end{bmatrix}^T, \ \eta_0 = \begin{bmatrix} 0 & 1 & 1 \end{bmatrix}^T$$

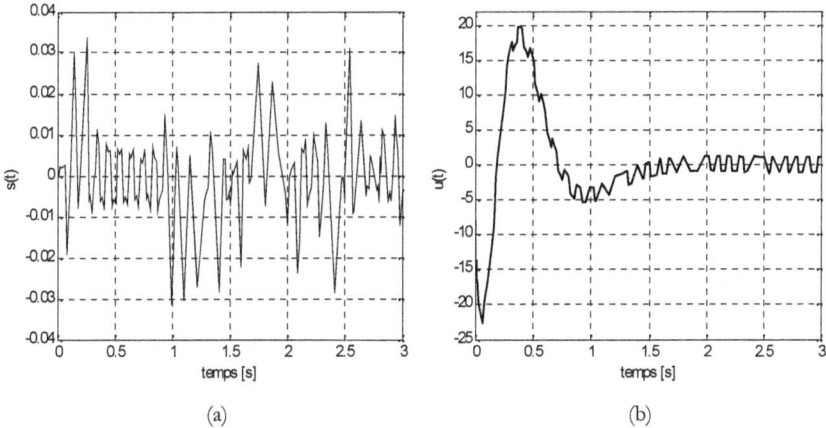

(a)   (b)

Figure (3.1): Résultats de simulation avec la commande (3.50): (a) $\hat{s}(t)$ (b):u(t)

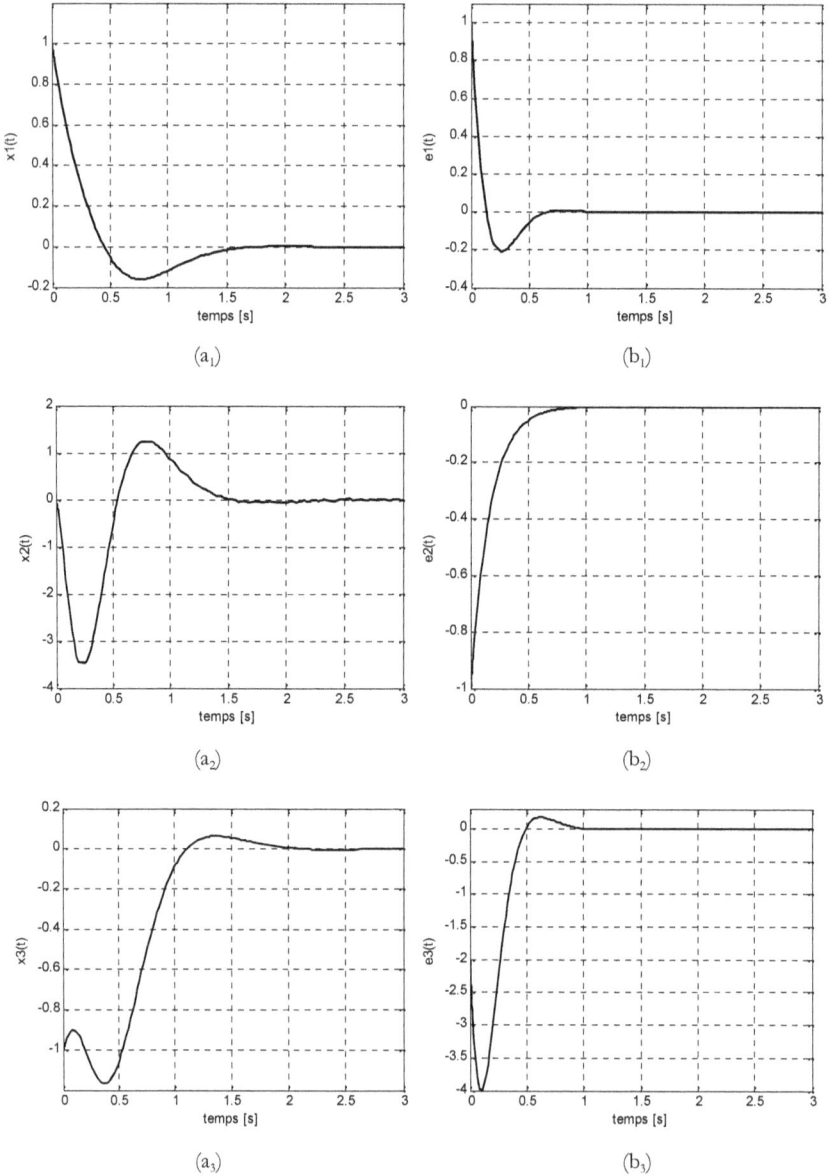

Figure (3.2): Evolution des variables d'état du système et des erreurs d'estimation respectives

(a_i): $x_i(t)$ (b_i): $e_i(t)$

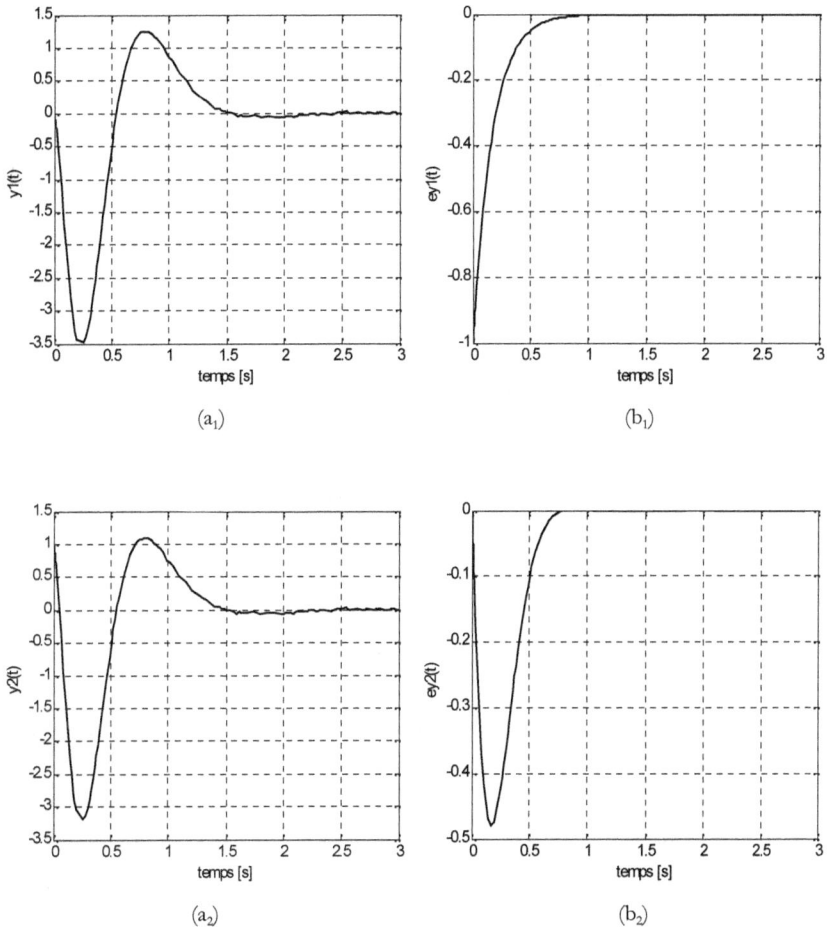

Figure (3.3): Evolution des variables de sortie du système et des erreurs d'estimation respectives

(a_i): $y_i(t)$ (b_i): $e_{yi}(t)$

(a₁)

(a₂)

(a₃)

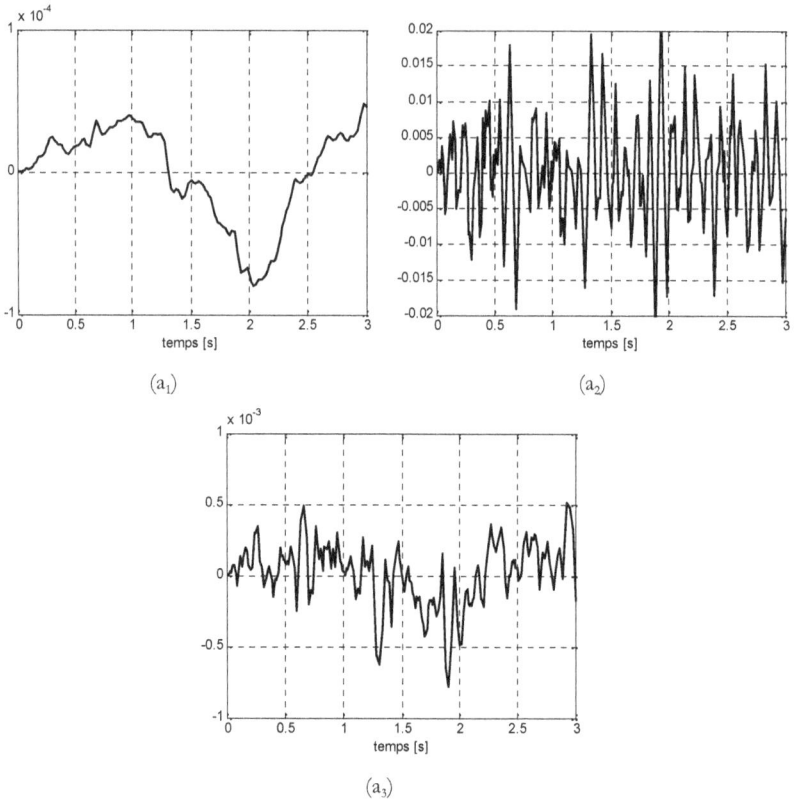

Figure (3.4): (aᵢ) Évolution des erreurs entre les variables d'état (x_i) du système perturbé et celles du système nominal

La figure (3.1) montre la réponse de la surface de commutation $\hat{s}(t)$ et de la commande u(t). La première illustre l'élimination de la phase d'atteignabilité, puisque la surface de commutation est initialement nulle, et elle justifie, avec la nature discontinue de la commande, la préservation de façon immédiate du mode glissant.

La figure (3.2) donne l'évolution des variables d'état du système et les erreurs d'estimation respectives. Les variables d'état convergent vers zéro ce qui prouve que la commande appliquée garantit la stabilité du système, et les erreurs d'estimation sont aussi convergentes vers l'origine ce qui justifie le choix de l'observateur. Ces deux constatations sont confirmées par la figure (3.3) qui représente l'évolution des variables de sortie et des erreurs d'estimations correspondantes.

Pour mieux évaluer l'action de la commande proposée en présence des perturbations, la figure (3.4) montre l'évolution des erreurs entre les variables d'état du système perturbé et celles du système nominal. Ces erreurs sont très faibles dès l'instant initial ce qui prouve l'invariance de la commande proposée en présence des perturbations.

3.3 Analyse du phénomène de chattering

Durant la phase d'implémentation de la commande par mode glissant, l'expérience a montré l'existence d'un phénomène indésirable d'oscillations avec fréquence et amplitude finies, qui est connu dans la littérature par le *"chattering"* [9], [10], [11], [12], [13]. Ce phénomène est nuisible parce qu'il engendre une basse précision dans les applications d'entraînement due à la vibration dans le domaine de la mécanique et il se manifeste par des grandes pertes dues à l'échauffement dans les circuits électriques [11], [12], [13]. Ainsi, le chattering peut être l'un des principaux obstacles dans la réalisation pratique des systèmes de commande par mode glissant [14]. Il y a deux causes principales de ce phénomène. Tout d'abord, il peut y avoir des dynamiques rapides qui ont été négligées pendant la modélisation du système à commander; celles-ci peuvent être issues des actionneurs comme les servomécanismes, des capteurs et des processeurs avec des petites constantes du temps [11], [12]. Dans un second lieu, dans les systèmes de commande numérique, les microcontrôleurs, ayant des fréquences de discrétisation finies, sont utilisés, ce qui peut engendrer le phénomène de chattering [11], [12].

Dans ce paragraphe, le premier cas, qui est le chattering en présence des dynamiques non modélisées, est discuté.

Pour mieux comprendre l'existence et l'effet de chattering, nous considérons l'exemple de second ordre suivant [11]:

$$\begin{cases} \dot{x}_1 = x_2 \\ \dot{x}_2 = -x_1 - x_2 + u \end{cases} \qquad (3.55)$$

Les dynamiques de l'actionneur qui ne sont pas tenues en compte dans le modèle idéal sont données par l'expression suivante:

$$\begin{cases} \dot{w}_1 = w_2 \\ \dot{w}_2 = -\dfrac{1}{\mu^2} w_1 - \dfrac{2}{\mu} w_2 + \dfrac{1}{\mu^2} u \end{cases} \qquad (3.56)$$

La constante μ est supposée de valeur suffisamment petite. En présence des dynamiques non modélisées de l'actionneur, l'entrée actuelle du système est $w(t) = w_1$ et non plus $u(t)$. La commande et la surface de glissement sont choisies telles que:

$$s(t) = \lambda x_1 + x_2 \qquad (3.57)$$

$$u(t) = -qsign(s) \tag{3.58}$$

où, λ et q sont des constantes positives.

Le mode glissant ne peut pas être prévu de se produire dans ce cas-ci puisque x_2 devient une fonction continue de temps et le chattering sera produit.

Comme pour le cas des systèmes continus, la solution dans les systèmes de commande discontinus dépend continûment des petites constantes de temps. Mais contrairement au cas continu, les commutations de la commande excitent les dynamiques non modélisées, ce qui mène aux oscillations haute fréquence dans le vecteur d'état. La figure (3.5) montre l'existence du chattering dans le système à cause des dynamiques de l'actionneur; l'entrée actuelle du système $w(t)$ est différente de celle attendue $u(t)$, ainsi la sortie $x(t)$ oscille avec une amplitude d'ordre μ et intuitivement l'oscillation apparaît au voisinage du point d'équilibre.

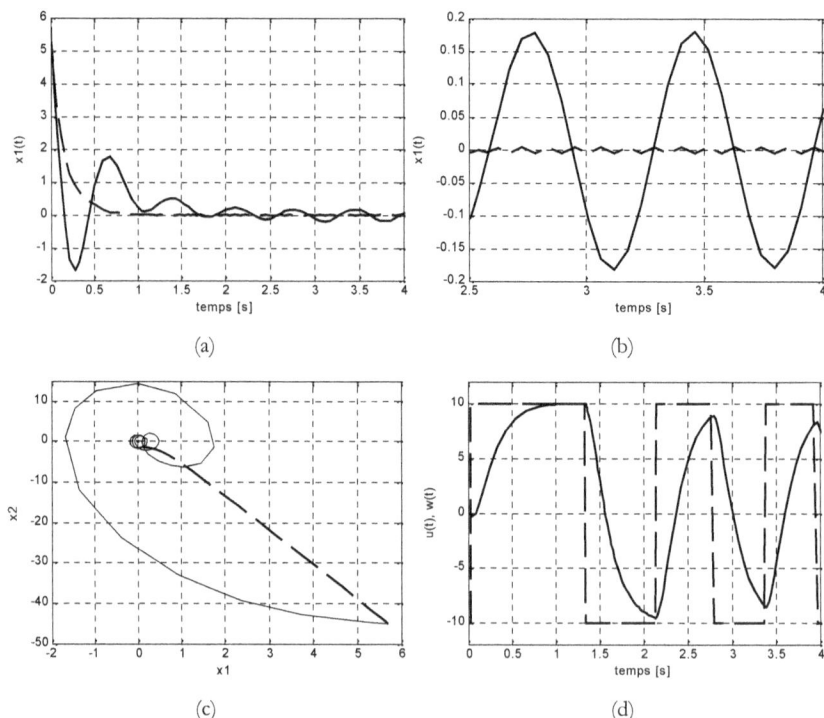

Figure (3.5): Analyse du chattering en présence de dynamiques non modélisées (ligne continue: système en présence des dynamiques d'actionneur, ligne interrompue: modèle idéal): (a) : $x_1(t)$, (b): zoom sur $x_1(t)$, (c): plan de phase (x_1, x_2), (d): $u(t)$, $w(t)$

3.4 Commande par mode glissant adaptatif

3.4.1 Description du système

Considérons le système multivariable incertain décrit par l'équation d'état suivante:

$$\dot{x} = (A + \Delta A)x + (B + \Delta B)u + w(x,t) \tag{3.59}$$

avec $x \in \mathbb{R}^n$: le vecteur d'état, $u \in \mathbb{R}^m$: le vecteur de commande , $w(x,t) \in \mathbb{R}^n$: le vecteur des perturbations, $A \in \mathbb{R}^{n \times n}$ et $B \in \mathbb{R}^{n \times m}$ sont les matrices du système nominal avec $rang(B) = m < n$, et ΔA et ΔB sont des matrices d'incertitudes.

Les hypothèses suivantes sont supposées valides:

A4. la paire (A, B) est commandable,

A5. les matrices d'incertitudes et le vecteur des perturbations vérifient l'hypothèse des conditions adaptées. En effet, il existe des matrices $\tilde{A} \in \mathbb{R}^{m \times n}$, $\tilde{B} \in \mathbb{R}^{m \times m}$ et un vecteur $v(x,t) \in \mathbb{R}^m$ telles que les conditions suivantes sont vérifiées :

$$\Delta A = B.\tilde{A} \; ; \; \left\| \tilde{A} \right\| \leq a$$

$$\Delta B = B.\tilde{B} \quad et \quad \left\| \tilde{B} \right\| \leq b < 1$$

$$w(x,t) = Bv(x,t) \quad et \quad \|v\| \leq v_0 + v_1 \|x\|$$

L'objectif principal, à atteindre dans cette partie, est de concevoir une commande qui force les variables d'état du système de poursuivre celles d'un modèle de référence donné par:

$$\dot{x}_m = A_m x_m + B_m r \tag{3.60}$$

avec $x_m \in \mathbb{R}^n$: le vecteur d'état de référence, $r \in \mathbb{R}^l$ le vecteur d'entrées de consigne, $A_m \in \mathbb{R}^{n \times n}$ et $B_m \in \mathbb{R}^{n \times l}$ sont les matrices du modèle de référence.

Les hypothèses suivantes sont considérées:

A6. la paire (A, B_m) est commandable,

A7. $A_m - A = B.D$, $D \in \mathbb{R}^{m \times n}$ $B_m = B.E$, $E \in \mathbb{R}^{m \times l}$.

Posons e le vecteur d'erreur de poursuite donné par:

$$e = x_m - x \tag{3.61}$$

En utilisant (3.59), (3.60) et (3.61), l'équation dynamique de l'erreur de poursuite s'écrit sous la forme:

$$\dot{e} = A_m e - (B + \Delta B)u + (A_m - A)x - \Delta A x + B_m r - w(x,t) \tag{3.62}$$

3.4.2 Synthèse de la commande

Comme pour les chapitres précédents, la synthèse de la commande par mode glissant nécessite deux étapes la première est le choix de la surface de commutation et la deuxième est la proposition de la loi de commande garantissant l'attractivité de la surface de glissement.

3.4.2.1 Choix de la surface de commutation

Dans le but de stabiliser les dynamiques de l'erreur de poursuite, données par (3.62), la surface de commutation est choisie telle que:

$$s = B^T e + z \tag{3.63}$$

avec: $z \in \mathbb{R}^m$ solution de l'équation dynamique suivante:

$$\dot{z} = -B^T (A_m e + BFe) \quad \text{avec:} \quad z(0) = -B^T e(0) \tag{3.64}$$

La matrice de retour d'état $F \in \mathbb{R}^{m \times n}$ est sélectionnée telle que $(A + BF)$ soit stable. Ainsi, la technique de placement des pôles peut être appliquée pour fixer les pôles désirés en boucle fermée.

L'application de la condition d'apparition du mode glissant $\dot{s} = 0$ à la relation (3.63), donne, en utilisant (3.62), l'expression de la commande équivalente u_e:

$$u_e = \left(I + \tilde{B}\right)^{-1}\left[Dx + Er - \tilde{A}x - v(x,t) - Fe\right] \tag{3.65}$$

La substitution de cette dernière expression dans (3.62), nous permet d'écrire l'équation d'état de l'erreur en mode glissant:

$$\dot{e} = [A_m + BF]e \tag{3.66}$$

A partir de cette équation, il est clair que les dynamiques de l'erreur de poursuite en mode glissant sont insensibles à la présence des incertitudes et des perturbations; en effet, elles sont totalement dépendantes du choix du gain de retour d'état F. Cette invariance est immédiate grâce à l'élimination de la phase d'atteignabilité ($s(0) = 0$).

3.4.2.2 Loi de commande par mode glissant adaptatif

L'objectif de cette section est de proposer une loi de commande par mode glissant qui force la trajectoire de l'erreur de poursuite de rester sur la surface de glissement choisie malgré la présence des incertitudes. Pour y arriver, on commence par réécrire l'équation (3.62) sous la forme suivante:

$$\dot{e} = A_m e - (B + \Delta B)u + BDx + BEr + B\,g(e,x,t) \tag{3.67}$$

avec :

$$\|g\| \leq g_0 + g_1 \|x\| + g_2 \|e\| \tag{3.68}$$

g_0, g_1 et g_2 sont des constantes positives inconnues.

Les incertitudes et les perturbations sont supposées bornées mais leurs bornes sont inconnues.

Par conséquent, nous considérons, dans cette section, la technique adaptative pour estimer d'une façon dynamique les gains exigés pour la conception de la commande. Considérons les gains adaptatifs, correspondant aux constantes $g_i, i = 0, 1, 2$, conçues comme suit [15], [16], [17], [18]:

$$\dot{\hat{g}}_0 = \alpha_0 \|\Gamma\| \tag{3.69a}$$

$$\dot{\hat{g}}_1 = \alpha_1 \|x\| \|\Gamma\| \tag{3.69b}$$

$$\dot{\hat{g}}_2 = \alpha_2 \|e\| \|\Gamma\| \tag{3.69c}$$

où: α_0, α_1 et α_2 sont des constantes positives.

La commande par mode glissant adaptatif proposée est spécifiée à travers le théorème suivant.

Théorème 3.2: [18]

Pour le système décrit par (3.59) et vérifiant les hypothèse (A4) et (A5) et le modèle de référence (3.60) vérifiant (A6) et (A7), si la loi de commande est choisie selon l'expression suivante:

$$u = u_l + u_a \tag{3.70}$$

où, u_l est la composante linéaire et u_a est la composante non linéaire adaptative, données respectivement selon:

$$u_l = -Fe + Dx + Er \tag{3.71}$$

$$u_a = \frac{1}{1-b} \hat{\rho} \frac{\Gamma}{\|\Gamma\|} \tag{3.72}$$

avec:

$$\hat{\rho} = b\|u_l\| + \hat{g}_0 + \hat{g}_1 \|x\| + \hat{g}_2 \|e\| \tag{3.73}$$

$\hat{g}_0$, $\hat{g}_1$, et $\hat{g}_2$ sont les gains adaptatifs donnés par (3.69),

alors, le mode glissant existe initialement et l'erreur de poursuite, décrite par (3.62), converge vers zéro.

Démonstration:

Nous définissons les erreurs d'adaptation par:

$$\tilde{g}_0 = \hat{g}_0 - g_0 \tag{3.74a}$$

$$\tilde{g}_1 = \hat{g}_1 - g_1 \tag{3.74b}$$

$$\tilde{g}_2 = \hat{g}_2 - g_2 \tag{3.74c}$$

Considérons par la suite la fonction candidate de Lyapunov suivante:

$$V = 0.5 \left(s^T s + \alpha_0^{-1} \tilde{g}_0^2 + \alpha_1^{-1} \tilde{g}_1^2 + \alpha_2^{-1} \tilde{g}_2^2 \right) \tag{3.75}$$

La dérivée par rapport au temps de cette fonction est donnée par:

$$\dot{V} = s^T \dot{s} + \alpha_0^{-1} \tilde{g}_0 \, \dot{\tilde{g}}_0 + \alpha_1^{-1} \tilde{g}_1 \, \dot{\tilde{g}}_1 + \alpha_2^{-1} \tilde{g}_2 \, \dot{\tilde{g}}_2 \tag{3.76}$$

Notons qu'à partir (3.74), il est clair que:

$$\dot{\tilde{g}}_0 = \dot{\hat{g}}_0, \ \dot{\tilde{g}}_1 = \dot{\hat{g}}_1 \ \text{et} \ \dot{\tilde{g}}_2 = \dot{\hat{g}}_2 \tag{3.77}$$

En utilisant (3.63), (3.67), (3.70) et (3.76), nous pouvons écrire que:

$$\dot{V} = s^T B^T B \left[g(x,e,t) - \tilde{B} u_l - (I + \tilde{B}) u_a \right] + \alpha_0^{-1} \tilde{g}_0 \, \dot{\hat{g}}_0 + \alpha_1^{-1} \tilde{g}_1 \, \dot{\hat{g}}_1 + \alpha_2^{-1} \tilde{g}_2 \, \dot{\hat{g}}_2 \tag{3.78}$$

Par la suite, en exploitant (3.69) et (3.77), l'expression (3.78) peut se réécrire sous la forme suivante:

$$
\begin{aligned}
\dot{V} &= \Gamma^T \left[g(x,e,t) - \tilde{B} u_l - (I + \tilde{B}) u_a \right] + (\hat{g}_0 - g_0) \| \Gamma \| \\
&\quad + (\hat{g}_1 - g_1) \| x \| \| \Gamma \| + (\hat{g}_2 - g_2) \| e \| \| \Gamma \| \\
&= \Gamma^T \left[g(x,e,t) - \tilde{B} u_l - (I + \tilde{B}) \frac{1}{1-b} \hat{\rho} \frac{\Gamma}{\| \Gamma \|} \right] \\
&\quad + ([\hat{g}_0 + \hat{g}_1 \| x \| + \hat{g}_2 \| e \|] - [g_0 + g_1 \| x \| + g_2 \| e \|]) \| \Gamma \| \\
&\leq \left[\| g \| + b \| u_l \| + \frac{b}{1-b} \hat{\rho} \right] \| \Gamma \| - \frac{1}{1-b} \hat{\rho} \| \Gamma \| \\
&\quad + [\hat{g}_0 + \hat{g}_1 \| x \| + \hat{g}_2 \| e \|] \| \Gamma \| - [g_0 + g_1 \| x \| + g_2 \| e \|] \| \Gamma \| \\
&= [\| g \| - (g_0 + g_1 \| x \| + g_2 \| e \|)] \| \Gamma \| \\
&\quad + [(b \| u_l \| + \hat{g}_0 + \hat{g}_1 \| x \| + \hat{g}_2 \| e \|) - \hat{\rho}] \| \Gamma \| < 0
\end{aligned}
$$

Ainsi, la dérivée de la fonction de Lyapunov est négative ce qui permet d'achever la démonstration.

Remarque 3.1:

La loi de commande par mode glissant à ordre complet, proposée à travers le théorème (3.2), possède deux avantages principaux, comparée à celles proposées dans les chapitres précédents. D'abord, elle n'exige pas la connaissance des bornes des incertitudes et des perturbations grâce à l'estimation de celles-ci par la loi d'adaptation (3.69). Ensuite, elle permet d'optimiser l'amplitude des commutations de la composante non linéaire de la commande, puisque les gains adaptatifs permettent d'estimer avec précision les valeurs actuelles des bornes d'incertitudes.

3.5 Commande par mode glissant adaptatif flou

Dans cette section, nous envisageons la conception d'une commande par mode glissant adaptatif flou qui préserve les avantages distingués de la commande par mode glissant et surmonte l'inconvénient majeur de cette commande qui est le chattering. Par conséquent, une approche, dans laquelle un mécanisme d'inférences flou remplace la loi de commande commutante, est introduite.

Soit s_j la variable linguistique d'entrée du mécanisme flou et $u_{F,j}$ la variable linguistique de sortie. Les ensembles flous associés sont exprimés de la façon suivante:

- pour la proposition antécédente (s_j):P (positive), N (négative) et Z (zéro);

- pour la proposition conséquente $(u_{F,j})$: PE (effort positif), NE (effort négatif), et ZE (effort zéro).

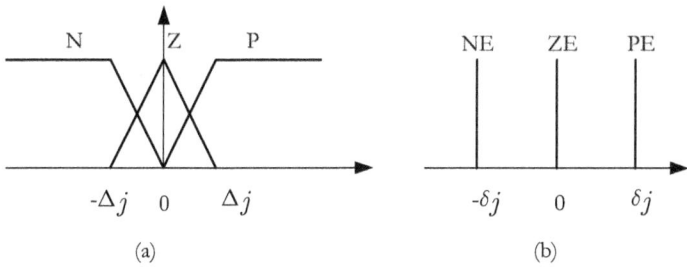

Figure (3.6): Fonctions d'appartenance: (a): de l'entrée, (b): de la sortie

En respectant l'esprit de la commande par mode glissant, et afin de rendre la surface de glissement attractive, la base des règles linguistiques floues peut être donnée par:

Règle 1: si s_j est P, alors $u_{F,j}$ est PE

Règle 2: si s_j est Z, alors $u_{F,j}$ est ZE

Règle 3: si s_j est N, alors $u_{F,j}$ est NE

Pour des raisons de simplicité de calcul et du raisonnement intuitif, les fonctions d'appartenance des ensembles flous d'entrée sont choisies de type triangle, et celles des ensembles flous de sortie sont choisies des singletons, comme le montre la figure (3.6). La méthode de défuzzification adoptée est celle de centre de gravité [16], [19]. Ainsi, le régulateur flou, sortie du module de défuzzification, peut être écrit selon [20], [21]:

$$u_{F,j} = \frac{\sum\limits_{k=1}^{3} \mu_{jk}\delta_{jk}}{\sum\limits_{k=1}^{3} \mu_{jk}} \tag{3.79}$$

où, $0 \leq \mu_{jk} \leq 1$ est le poids de la règle k, $k = 1,...,3$, et $\delta_{j1} = \delta_j$, $\delta_{j2} = 0$ et $\delta_{j3} = -\delta_j$ sont les centres des fonctions d'appartenance de sortie PE, ZE et NE, respectivement.

Grâce au choix particulier des fonctions d'appartenance de type rectangulaire, nous pouvons écrire:

$$\sum_{k=1}^{3} \mu_{jk} = 1 \tag{3.80}$$

En conséquence, (3.79) peut être reformulée de la sorte:

$$u_{F,j} = \left(\mu_{j1} - \mu_{j2} \right) \delta_j \tag{3.81}$$

Selon la base des règles floues, mentionnée ci-dessus, il est facile de remarquer que:

$$\begin{cases} \text{Si} \quad s_j > 0 \quad \text{alors} \quad u_{F,j} = \mu_{j1} \delta_j > 0 \\ \text{Si} \quad s_j < 0 \quad \text{alors} \quad u_{F,j} = -\mu_{j2} \delta_j < 0 \end{cases} \tag{3.82}$$

ce qui nous permet de conclure que:

$$s_j \left(\mu_{j1} - \mu_{j2} \right) \delta_j \geq 0 \tag{3.83}$$

Choisissons la fonction candidate de Lyapunov suivante:

$$L = 0.5 \, s^T \left(B^T B \right)^{-1} s \tag{3.84}$$

La dérivée par rapport au temps de cette fonction est donnée par:

$$\dot{L} = s^T \left(B^T B \right)^{-1} \dot{s} \tag{3.85}$$

Par substitution de (3.63) et (3.67) dans (3.85), nous obtenons:

$$\dot{L} = s^T \left[-Fe + Dx + Er + g\left(x,e,t \right) - \left(I + \tilde{B} \right) u \right] \tag{3.86}$$

Par conséquent, si la commande est choisie selon la forme suivante:

$$u = u_l + u_F \tag{3.87}$$

avec u_l est donnée par (3.71) et u_F est la composante floue spécifiée par:

$$u_F = \frac{1}{1-b} \left[u_{F,j}...u_{F,m} \right]^T \tag{3.88}$$

alors, (3.86) peut être réécrite comme suit:

$$\dot{L} = s^T \left[\tilde{B} u_l + g\left(x,e,t \right) - \left(I + \tilde{B} \right) u_F \right] \tag{3.89}$$

Posons:

$$f\left(e,x,t \right) = \tilde{B} u_l + g\left(x,e,t \right) \tag{3.90}$$

il en résulte que:

$$\dot{L} = s^T \left[f\left(e,x,t \right) - \left(I + \tilde{B} \right) u_F \right]$$

$$= \sum_{j=1}^{m} s_j f_j - \frac{1}{1-b} \sum_{j=1}^{m} s_j u_{F,j} - S^T \tilde{B} u_F$$

$$\leq \sum_{j=1}^{m} |s_j| |f_j| - \frac{1}{1-b} \sum_{j=1}^{m} s_j (\mu_{j1} - \mu_{j2}) \delta_j + \|\tilde{B}\| \|S^T u_F\|$$

$$\leq \sum_{j=1}^{m} |s_j| |f_j| - \frac{1}{1-b} \sum_{j=1}^{m} s_j (\mu_{j1} - \mu_{j2}) \delta_j$$

$$+ \frac{b}{1-b} \sum_{j=1}^{m} s_j (\mu_{j1} - \mu_{j2}) \delta_j$$

Ainsi, nous obtenons:

$$\dot{L} \leq \sum_{j=1}^{m} |s_j| [|f_j| - |\mu_{j1} - \mu_{j2}| \delta_j] \tag{3.91}$$

Donc, $\dot{L} < 0$ si l'inégalité suivante est vérifiée:

$$\delta_j > \frac{|f_j|}{|\mu_{j1} - \mu_{j2}|} \tag{3.92}$$

Selon le théorème de Wang [21], il existe une valeur optimale δ_j^* qui satisfait l'inégalité précédente. Cependant, cette valeur ne peut pas être précisément déterminée en raison de l'absence de la connaissance des bornes d'incertitudes. Ainsi, δ_j est choisi d'être le paramètre à estimer d'une façon adaptative. L'approche adaptative floue proposée est décrite par le théorème suivant.

Théorème 3.3: [18]

Pour le système décrit par (3.59) et vérifiant les hypothèse (A4) et (A5) et le modèle de référence (3.60) vérifiant (A6) et (A7), si la loi de commande est choisie selon l'expression (3.87), où u_F est la commande floue donnée par (3.88) dont δ_j est remplacé par le paramètre adaptatif $\hat{\delta}_j$ décrit par:

$$\dot{\hat{\delta}}_j = \beta_j s_j (\mu_{j1} - \mu_{j2}) \tag{3.93}$$

où, β_j est une constante positive,

alors, le mode glissant existe initialement et l'erreur de poursuite décrite par (3.62) converge vers zéro.

Démonstration:

Définissons l'erreur entre le paramètre adaptatif $\hat{\delta}_j$ et la valeur optimale δ_j^* par:

$$\tilde{\delta}_j = \hat{\delta}_j - \delta_j^* \tag{3.94}$$

En suite, nous choisissons la fonction candidate de Lyapunov suivante:

$$L = 0.5s^T \left(B^T B \right)^{-1} s + 0.5 \sum_{j=1}^{m} \beta_j^{-1} \tilde{\delta}_j^2 \tag{3.95}$$

La dérivée de cette fonction est donnée par:

$$\dot{L} = s^T \left(B^T B \right)^{-1} \dot{s} + \sum_{j=1}^{m} \beta_j^{-1} \tilde{\delta}_j \dot{\tilde{\delta}}_j \tag{3.96}$$

En utilisant (3.86), (3.87) et (3.96), nous obtenons:

$$\dot{L} = \sum_{j=1}^{m} s_j f_j - \frac{1}{1-b} \sum_{j=1}^{m} s_j u_{F,j} - s^T \tilde{B} u_F + \sum_{j=1}^{m} \left(\hat{\delta}_j - \delta_j^* \right) s_j \left(\mu_{j1} - \mu_{j2} \right)$$

$$\dot{L} = \sum_{j=1}^{m} \left[s_j f_j - s_j \delta_j^* \left(\mu_{j1} - \mu_{j2} \right) \right] - \frac{1}{1-b} \sum_{j=1}^{m} s_j u_{F,j} - s^T \tilde{B} u_F$$

$$+ \sum_{j=1}^{m} \hat{\delta}_j s_j \left(\mu_{j1} - \mu_{j2} \right)$$

$$\dot{L} \leq - \frac{1}{1-b} \sum_{j=1}^{m} s_j \hat{\delta}_j \left(\mu_{j1} - \mu_{j2} \right) + \sum_{j=1}^{m} \hat{\delta}_j s_j \left(\mu_{j1} - \mu_{j2} \right)$$

$$\sum_{j=1}^{m} \left[s_j f_j - s_j \delta_j^* \left(\mu_{j1} - \mu_{j2} \right) \right] - \left\| \tilde{B} \right\| \left\| S^T u_F \right\|$$

$$\leq \sum_{j=1}^{m} |s_j| \left[|f_j| - \delta_j^* \left| \left(\mu_{j1} - \mu_{j2} \right) \right| \right] - \sum_{j=1}^{m} s_j \hat{\delta}_j \left(\mu_{j1} - \mu_{j2} \right)$$

$$+ \sum_{j=1}^{m} \hat{\delta}_j s_j \left(\mu_{j1} - \mu_{j2} \right)$$

$$\leq \sum_{j=1}^{m} |s_j| \left[|f_j| - \delta_j^* \left| \left(\mu_{j1} - \mu_{j2} \right) \right| \right] < 0$$

et c'est ce qu'il fallait démontrer.

3.6 Commande par mode glissant adaptatif flou d'un robot manipulateur

3.6.1 Présentation du robot manipulateur

Dans ce paragraphe, nous nous intéressons à l'application de l'approche proposée à la commande d'un robot manipulateur à deux degrés de liberté, étudié dans [18], [22], [23]. Le manipulateur considéré est un bras à deux mouvements dans le plan (x, y), l'un est une rotation et l'autre une translation, comme le montre la figure (3.6), avec μ et M sont respectivement les masses de la partie mobile et de la charge à déplacer, J_1 et J_2 sont les moments d'inertie de la partie mobile par rapport à l'axe vertical à travers les centres de masse C et O, a est la distance qui sépare C

du centre la charge; f_1 et t_2 sont respectivement la force et le couple d'entraînement aux articulations 1 et 2.

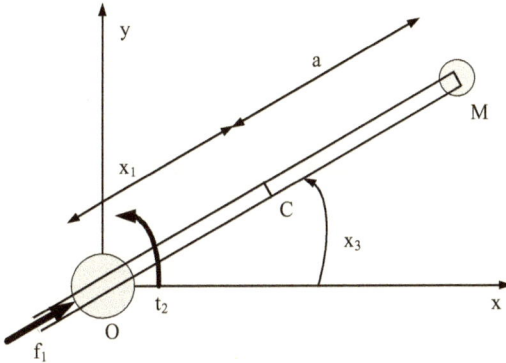

Figure (3.7): Robot manipulateur à deux degrés de liberté.

Le modèle de ce robot est donné par l'équation suivante:

$$\begin{bmatrix} D_{11} & D_{12} \\ D_{21} & D_{22} \end{bmatrix} \begin{bmatrix} \ddot{q}_1 \\ \ddot{q}_2 \end{bmatrix} + \begin{bmatrix} Q_{11} & Q_{12} \\ Q_{21} & Q_{22} \end{bmatrix} \begin{bmatrix} \dot{q}_1 \\ \dot{q}_2 \end{bmatrix} + \begin{bmatrix} D_1 \\ D_2 \end{bmatrix} = \begin{bmatrix} u_1 \\ u_2 \end{bmatrix} \tag{3.97}$$

avec:

$$D_{11} = (\mu + M), \; D_{12} = D_{21} = 0,$$

$$D_{22} = J_1 + J_2 + \mu q_1^2 + M(q_1 + a)^2$$

$$Q_{11} = Q_{22} = 0, Q_{12} = -[\mu q_1 + M(q_1 + a)]\dot{q}_2, \; Q_{21} = -2Q_{12}$$

$$u_1 = f_1, \; u_2 = t_2$$

$$D_k = -d_k(t), \; k = 1,2$$

avec $d_k(t)$ une perturbation externe bornée, $|d_k(t)| \leq d_k$, $k = 1,2$.

Le robot est conduit à suivre la trajectoire désirée suivante:

$$\tilde{x}_1(t) = -0.75\sin(\pi t / 20) \, [m]$$

$$\tilde{x}_3(t) = 2\pi \sin(\pi t / 20) \, [rd] \tag{3.98}$$

de sorte que la trajectoire désirée de l'extrémité mobile dans le plan (x, y) soit exprimée par:

$$x(t) = (\tilde{x}_1(t) + a)\cos(\tilde{x}_3(t))$$

$$y(t) = (\tilde{x}_1(t) + a)\sin(\tilde{x}_3(t)) \tag{3.99}$$

Le modèle du robot, donné par (3.97), peut être présenté sous la forme (3.59) comme suit:

$$\dot{x} = Ax + (B + \Delta B)u + w(x,t) \tag{3.100}$$

avec:

$$x = \begin{bmatrix} x_1 & x_2 & x_3 & x_4 \end{bmatrix}^T = \begin{bmatrix} q_1 & \dot{q}_1 & q_2 & \dot{q}_2 \end{bmatrix}^T$$

$$A = \begin{bmatrix} 0 & 1 & 0 & 0 \\ 0 & 0 & 0 & 0 \\ 0 & 0 & 0 & 1 \\ 0 & 0 & 0 & 0 \end{bmatrix}, \qquad B = \begin{bmatrix} 0 & 0 \\ 1 & 0 \\ 0 & 0 \\ 0 & 1 \end{bmatrix}, \qquad u = \begin{bmatrix} u_1 \\ u_2 \end{bmatrix}$$

La matrice ΔB et le vecteur des perturbations $w(x,t)$ vérifient l'hypothèse (A2), avec:

$$\tilde{B} = \begin{bmatrix} \dfrac{1 - D_{11}}{D_{11}} & 0 \\ 0 & \dfrac{1 - D_{22}}{D_{22}} \end{bmatrix}, \qquad v = \begin{bmatrix} v_1 \\ v_2 \end{bmatrix}$$

$$v_1 = \frac{[\mu x_1 + M(x_1 + a)]x_4^2 + d_1(t)}{\mu + M},$$

$$v_2 = \frac{-2[\mu x_1 + M(x_1 + a)]x_2 x_4 + d_2(t)}{J_1 + J_2 + \mu x_1^2 + M(x_1 + a)^2}$$

La trajectoire désirée (7.42) peut être transformée sous la forme (7.6), avec:

$$A_m = A, \qquad B_m = B, \qquad r(t) = \begin{bmatrix} 0.75 \\ -2\pi \end{bmatrix} (\pi / 20)^2 \sin(\pi t / 20)$$

Les valeurs suivantes des paramètres sont utilisées:

$$\mu = 1Kg, \quad M \in [0, 2Kg], \quad J_1 = J_2 = 1Kgm^2, \quad a = 1m$$

$$d_1(t) = 0.2\cos(5\pi t)\,N, \qquad d_2(t) = 0.5\cos(5\pi t)\,Nm$$

3.6.2 Mise en œuvre par simulation

Nous supposons que les pôles caractérisants les dynamiques de l'erreur de poursuite en boucle fermée sont fixés à:

$$\{\lambda_j\} = \left\{ -3, -3 \pm j3 \right\}$$

ainsi, le gain de retour d'état F permettant de trouver ces pôles est donné par:

$$F = \begin{bmatrix} 0 & 3 & -3 & -1 \\ 54 & 18 & 18 & 9 \end{bmatrix}$$

De plus, et sans perte de généralités, nous considérons le vecteur d'état initial suivant la forme:

$$x(0) = \begin{bmatrix} -0.5 & 0.0358 & -0.5 & 1.874 \end{bmatrix}^T$$

La surface de commutation est alors déterminée en concordance avec (3.63) et (3.64), où:

$$z(0) = [-0.0822 \quad 1.987]^T$$

Les résultats de simulation, comprenant les surfaces de glissement, les commandes, la trajectoire de l'extrémité mobile et les erreurs de poursuite avec l'approche classique de commande par mode glissant présentée en [22], les approches de commande par mode glissant adaptatif, et adaptatif flou proposées, sont montrés sur les figures (3.8), (3.9) et (3.10), respectivement. Afin d'évaluer la performance de poursuite de trajectoire le temps de poursuite, défini comme le temps découlé pour que l'erreur de poursuite devienne 1% [23], est considéré.

Les figures (3.8) (a) (b) indiquent que la surface de commutation atteint l'origine après un temps, qualifié de temps d'atteignabilité, égal à $(t_r = 1.01[s])$. En conséquence, les composantes de la commande deviennent discontinues à partir de ce temps (figures (3.8) (c) et (d)). Les erreurs de poursuite convergent vers zéro, ce qui se traduit par une trajectoire effectuée par le robot qui suit celle désirée avec un temps de poursuite $(t_t = 2[s])$. Toutefois, il est à signaler que le temps de poursuite est forcément supérieur au temps d'atteignabilité, puisque le système, dans la phase d'atteignabilité, est sensible à la présence des incertitudes et des perturbations, de plus la commande présente des commutations, hautes fréquences et à amplitudes importantes, susceptibles d'engendrer le phénomène de chattering.

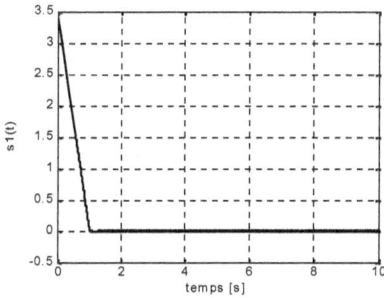

(a)

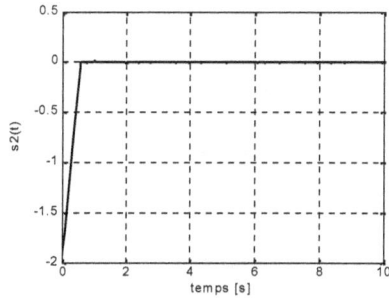

(b)

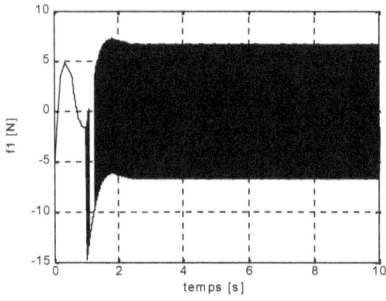

(c)

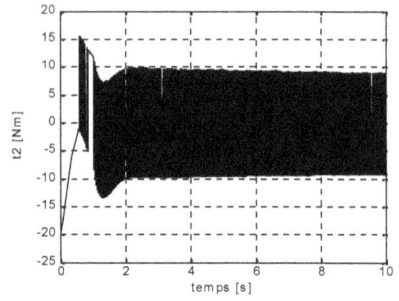

(d)

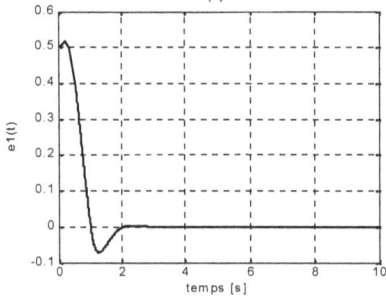

(e)

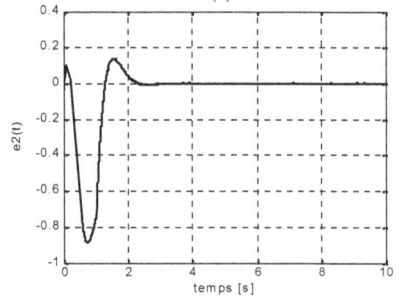

(g)

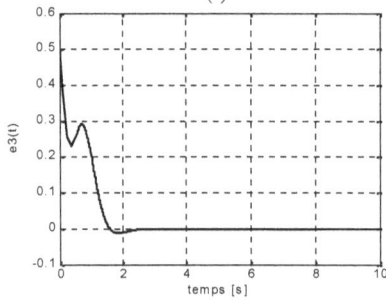

(g)

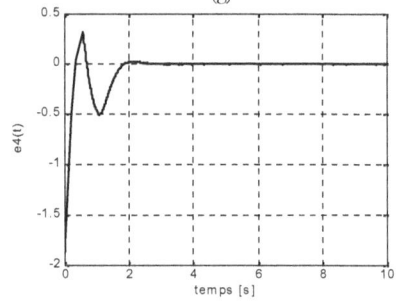

(h)

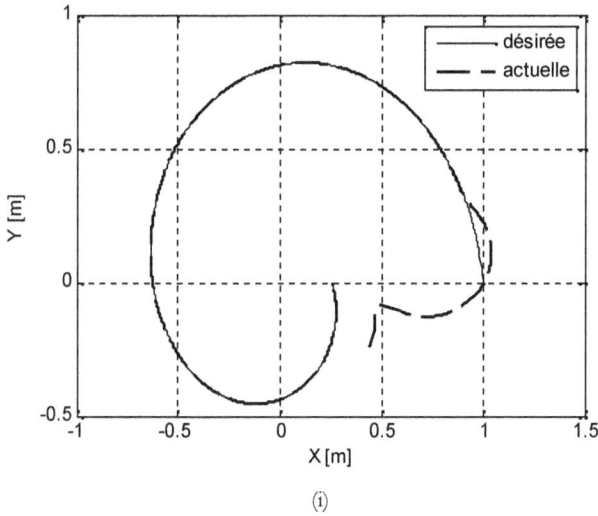

(i)

Figure (3.8): Résultats de simulation avec le mode glissant classique [22] (a), (b): composantes de la surface de glissement; (c), (d): composantes de la commande; (e), (f), (g), (h): évolution des erreurs de poursuite; (i): trajectoire de l'extrémité mobile dans le plan (x, y).

A travers la figure (3.9), nous pouvons remarquer que l'application de l'approche de commande par mode glissant adaptatif à ordre complet, se traduit par des fonctions de commutation initialement nulles, ce qui confirme l'élimination de la phase d'atteignabilité. Cette remarque est affirmée par la nature discontinue de la commande dès l'instant initial. Profitant des avantages de la commande à ordre complet, la trajectoire effectuée par le robot suit d'une façon très précise la trajectoire désirée. Cette bonne réponse de poursuite est témoignée par des erreurs convergeant vers l'origine avec un temps de poursuite ($t_t = 1.6[s]$) inférieur à celui mis en appliquant l'approche classique. En outre, une constatation importante à signaler est que les commutations dans les composantes de la commande sont d'amplitude et de fréquence beaucoup plus faibles par rapport au cas de l'approche classique.

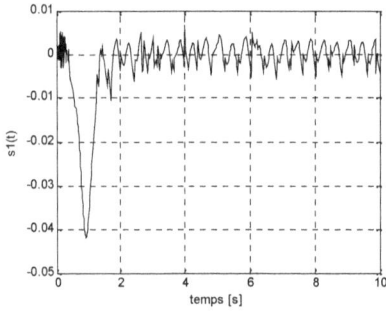

(a)

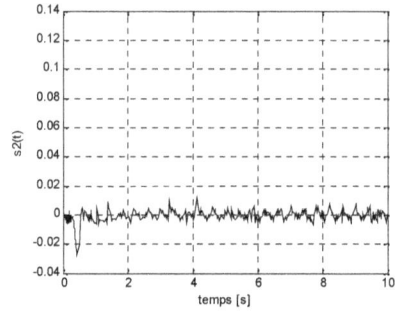

(b)

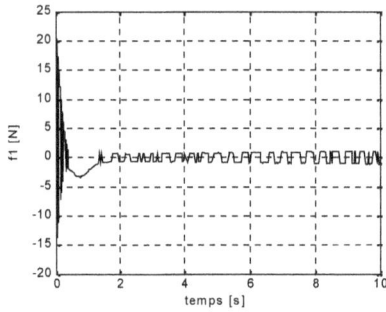

(c)

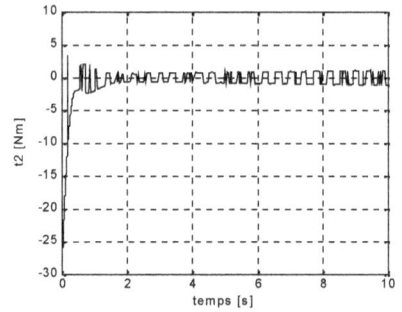

(d)

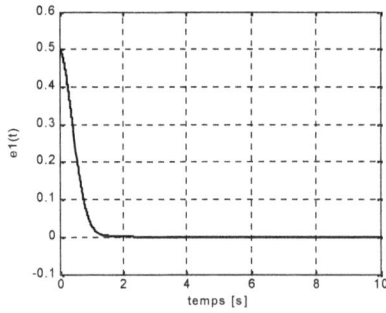

(e)

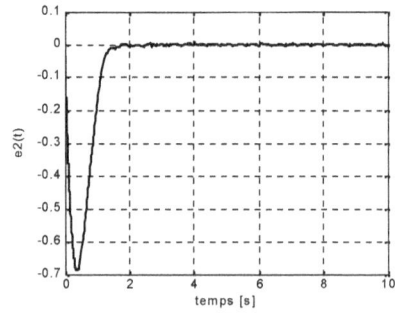

(f)

(g)

(h)

(i)

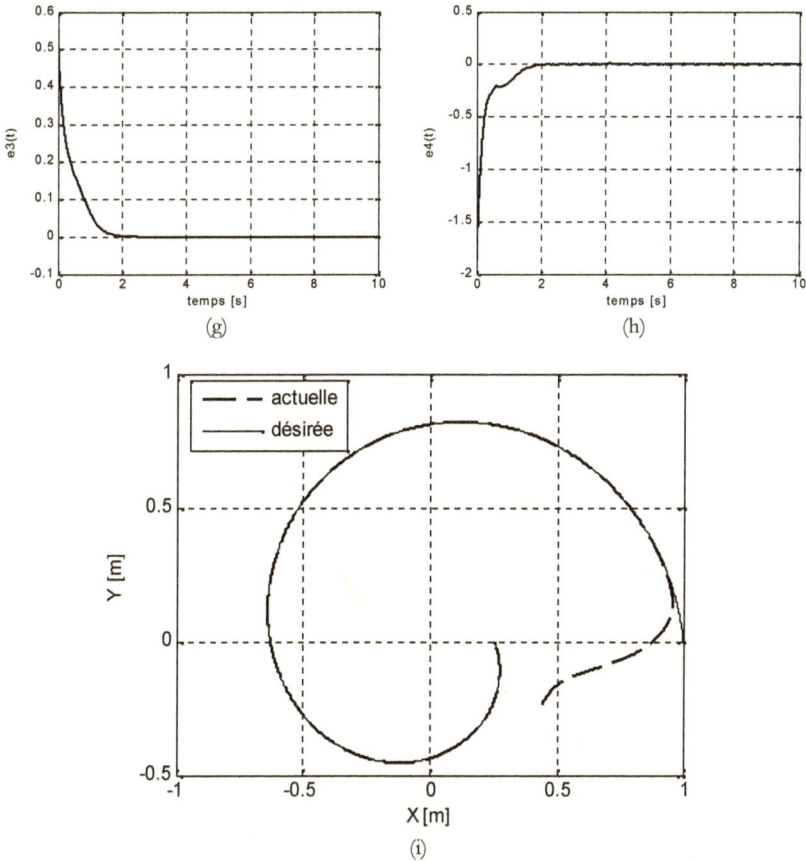

Figure (3.9): Résultats de simulation avec le mode glissant adaptatif (3.70) (a), (b): composantes de la surface de glissement; (c), (d): composantes de la commande; (e), (f), (g), (h): évolution des erreurs de poursuite; (i): trajectoire de l'extrémité mobile dans le plan (x, y).

A partir de la figure (3.10), il est clair que les performances de l'approche de commande par mode glissant adaptatif sont préservées par application de la commande par mode glissant adaptatif flou. En effet, le mode glissant apparaît immédiatement et la performance de poursuite est améliorée ($t_t = 1.54[s]$). D'ailleurs, les commutations hautes fréquences dans les composantes de la commande sont éliminées, ce qui prouve l'élimination du phénomène de chattering. Ainsi cette approche, combinant les avantages de la précédente à celles de la logique floue, s'impose par son pouvoir d'élimination du chattering.

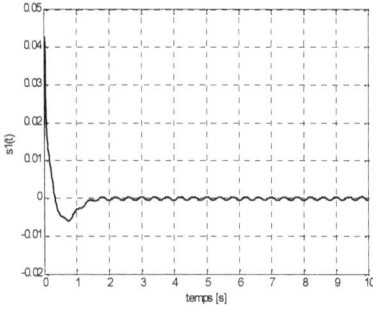

(a)

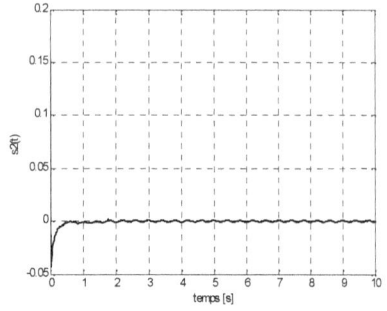

(b)

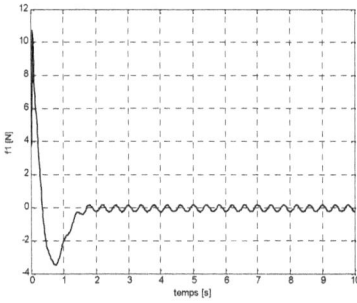

(c)

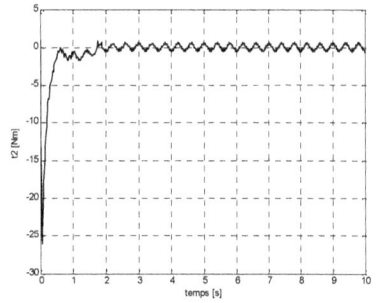

(d)

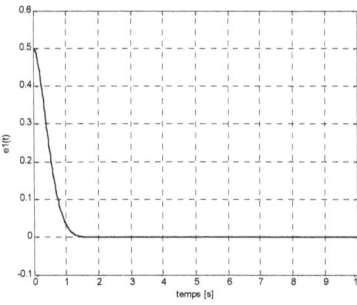

(e)

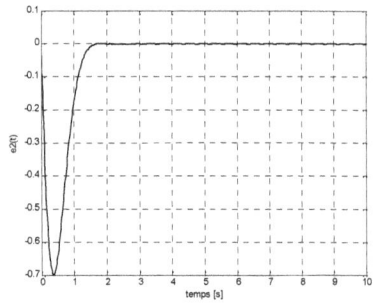

(f)

(g)

(h)

(i)

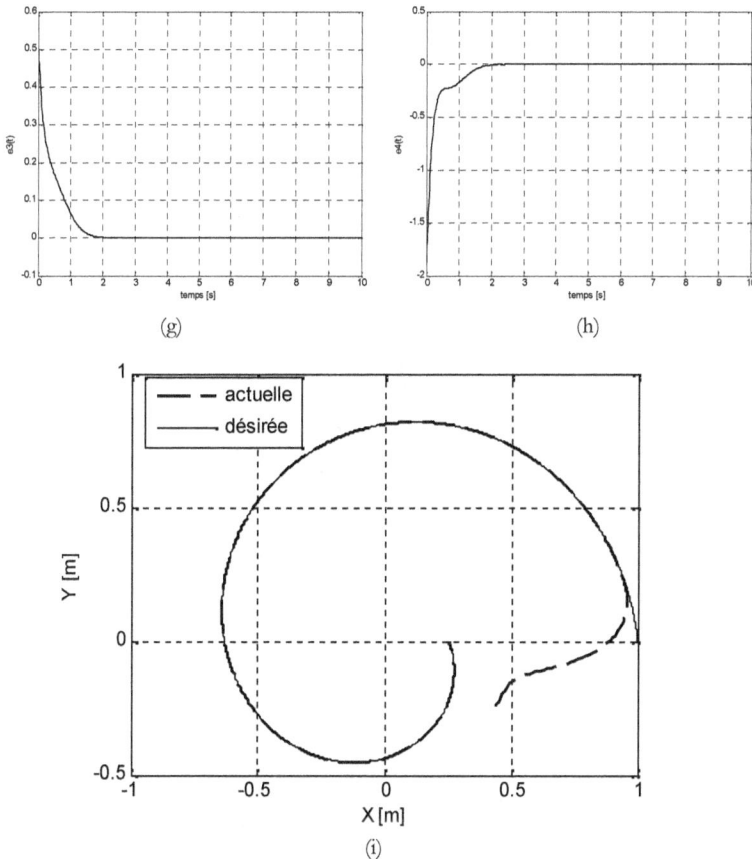

Figure (3.10): Résultats de simulation avec le mode glissant adaptatif flou (3.87) (a), (b): composantes de la surface de glissement; (c), (d): composantes de la commande; (e), (f), (g), (h): évolution des erreurs de poursuite; (i): trajectoire de l'extrémité mobile dans le plan (x, y).

A ce stade, le test de robustesse des trois approches quand les perturbations varient brutalement est envisagé. La figure (3.11) illustre les trajectoires du robot pour une perturbation $d_1(t)$ donnée par:

$$d_1(t) = 0.2\cos 2\pi t + 3.4(1 - \exp(-4t))$$

En conséquence, la trajectoire du robot, en utilisant l'approche classique, s'éloigne de celle désirée dès que la valeur de la perturbation dépasse le gain prédéterminé de la partie non linéaire de la commande. Avantageusement, les trajectoires obtenues par application des deus approches proposées donnent, aussi bien dans ce cas, une satisfaction grâce à la nature adaptative des gains de la partie non linéaire de la commande.

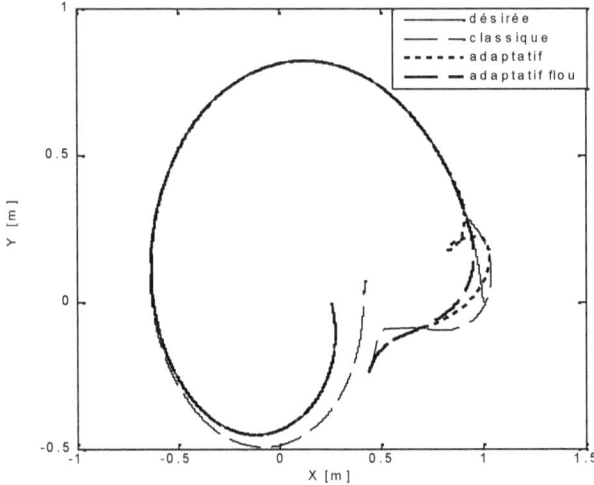

Figure (3.11): Trajectoires de l'extrémité mobile du robot dans le plan (x, y) avec les trois approches de commande pour une perturbation brutalement variable.

3.7 Conclusion

A travers ce chapitre, nous avons développé une approche méthodologique pour la synthèse de la commande par mode glissant à ordre complet avec retour de sortie d'une classe des systèmes incertains. Les paramètres de l'observateur d'état sont obtenus par résolution des équations linéaires. En effet, une procédure de calcul détaillée a été fournie. Par la suite, une loi de commande par mode glissant, qui n'exige à partir du système que ses variables de sortie, a été proposée. La stabilité et la robustesse du système avec cette loi de commande sont assurées. La validité et l'efficacité de l'approche proposée ont été confirmées, par simulation, à travers un exemple numérique.

Dans ce chapitre, nous sommes parvenus aussi à surmonter, avec succès, plusieurs limitations de la commande par mode glissant classique. L'approche de commande par mode glissant adaptatif à ordre complet proposée a amélioré la robustesse en présence des incertitudes et des perturbations grâce à l'apparition immédiate du mode glissant. D'ailleurs, elle nous a permis de vaincre le problème de la connaissance des bornes des incertitudes et des perturbations suite à la technique d'adaptation utilisée. La commande par mode glissant adaptatif flou que nous avons proposée n'a pas seulement permis l'élimination du phénomène de chattering, mais également elle a apportée pour le système une bonne réponse de poursuite. Les résultats de simulation, effectués sur un robot manipulateur, ont montré la validité et la supériorité des lois de commande proposées comparées à l'approche classique de commande par mode glissant.

Bibliographie du chapitre 3

[1]   S. H. Zak, J. D. Brehove et M. J. Corless (1989)
      "Control of uncertain systems with unmodeled actuator and sensor dynamics and
      incomplete information", IEEE Trans. Syst. Man. Cybern., Vol. 19, pp. 241-257.

[2]   B. S. Heck, S.V. Yallapragada et M. K. H. Fan (1995)
      "Numerical methods to design the reaching phase of output feedback variable structure
      control", Automatica, Vol. 31, pp. 275-279.

[3]   S. K. Bag, S. K. Spurgeon et C. Edwards (1997)
      "Output feedback sliding mode design for linear uncertain systems", Proc. IEE-Control
      Theory Application, pt. D, Vol. 144, pp- 209-216.

[4]   C. Edwards et S. K. Spurgeon (1998)
      "Compensator based output feedback sliding mode controller design", Int. J. Control,
      Vol. 71, No. 4, pp. 601-614.

[5]   Q. P. Ha, H. Trinh, H. T. Nguyen et H. D. Tuan (2003)
      "Dynamic output feedback sliding mode control using pole placement and linear
      functional observers", IEEE Trans. Ind. Electronics, Vol. 50, No. 5, pp. 1030-1037.

[6]   C. Edwards, E. F. Colet et L. Fridman (2006)
      "Advances in Variable Structure and Sliding Mode Control", Lecture Notes in Control
      and Information Sciences, Springer-Verlag, Berlin Heidelberg.

[7]   C. Edwards et S. K. Spurgeon (1998)
      "Sliding Mode Control: Theory and Applications", Taylor & Francis.

[8]   C. Mnasri et M. Gasmi (2008)
      "Robust output feedback full-order sliding mode control for uncertain MIMO systems",
      International Symposium on Industrial Electronics ISIE'08, pp. 1144-1149, Cambridge,
      UK, June.

[9]   L. Fridman (1999)
      "The problem of chattering: an averaging approach", In: Young K.D. and Ozguner U.
      (eds.) Variable Structure, Sliding Mode and Nonlinear Control, Lecture Notes in Control
      and Information Science, No.247, Springer Verlag, London, pp. 363-386.

[10] L. Fridman (2002)

"Singularly perturbed analysis of chattering in relay control systems", IEEE Trans. Autom. Control, 47, 12, pp. 2079-2084.

[11] V. Utkin et H. Lee (2006)

"Chattering Problem in Sliding Mode Control Systems", Proceedings of the 2006 International Workshop on Variable Structure Systems, Alghero, Italy, June 5-7.

[12] V. Utkin et H. Lee (2006)

"The Chattering Analysis", EPE-PEMC 2006, Portorož, Slovenia.

[13] A. A. Agrachev, A. S. Morse, E. D. Sontag, H. J. Sussmann et V. I. Utkin (2008)

"Nonlinear and optimal control theory", Lecture Notes in Mathematics, Springer-Verlag, Berlin, Heidelberg.

[14] R.D. Young et V.I. Utkin (1999)

"A control engineer's guide to sliding mode control", IEEE, Trans. Cont. Syst. Technology, Vol. 7. No 3.

[15] D. S. Yoo et M. J. Chung (1992)

"A variable structure control with simple adaptation laws for upper bounds on the norm of the uncertainties, IEEE Trans. Autom. Control", Vol. 37, No. 6, pp. 860-864.

[16] N. Sadati et A. Talasaz (2004)

"Chattering-Free Adaptive Fuzzy Sliding Mode Control", Proceedings of the 2004 IEEE Conference on Cybernetics and Intelligent Systems Singapore, 1-3 December.

[17] Y. Guo et P. Y. Woo (2003)

"An adaptive fuzzy sliding mode controller for robotic manipulators", IEEE Trans. System, Man, and Cybernetics, Vol. 33, No. 2, pp. 149-159.

[18] C. Mnasri et M. Gasmi (2008)

"Adaptive Fuzzy Sliding Mode Model-reference Control for MIMO Uncertain Systems", International Review of Automatic Control (IREACO), Vol. 1, No. 2, pp. 143-152.

[19] R.J. Wai (2007)

"Fuzzy sliding-mode control using adaptive tuning technique", IEEE Trans. Ind. Electronics, Vol. 54, N0. 1.

[20] M. Sugeno (1985)

"An introductory survey of fuzzy control", Information Sciences, Vol. 32.

[21] L. X. Wang (1997)

"A course in Fuzzy Systems and Control", Englewood Cliffs, NJ: Prentice-Hall.

[22] Q. P. Ha, Q. H. Nguyen, D. C. Rye et H. F. Durrant-Whyte (1999)

"Robust sliding mode control with applications", Int. J. Control, Vol. 72, No. 12.

[23] M. M. Abdelhameed (2005)

"Enhancement of sliding mode controller by fuzzy logic with application to robotic manipulators", Mechatronics, Vol. 15.

[24] S. H. Zak (2003)

"Systems and Control", Oxford University Press, Inc.

[25] Q. P. Ha, Q. H. Nguyen, D. C. Rye, H. F. Durrant-Whyte (2001)

"Fuzzy sliding-mode controllers with applications", IEEE, Trans. Ind. Electronics, Vol. 48, No. 1.

Conclusion Générale

Les travaux présentés, à travers ce mémoire de thèse, ont été articulés autour de la commande par mode glissant. Ils ont été orientés, dans une première phase, dans le sens de l'exploitation et l'application des résultats antérieurs. Dans une deuxième phase, ils ont contribué à la synthèse et la proposition de nouvelles lois de commande par mode glissant. L'étude menée dans la dernière phase a été consacrée à l'amélioration des performances d'une telle approche de commande.

La première contribution consiste en l'application de la commande par mode glissant, selon l'approche classique, au cas des systèmes singulièrement perturbés. En effet, après la présentation des principaux concepts relatifs à cette approche, nous sommes parvenus à la proposition d'une méthode de commande par mode glissant pour cette classe de systèmes, selon une hiérarchie en boucles duales qui a l'avantage de tenir compte de l'effet des variables rapides sur le comportement dynamique du système global. Ainsi, une grande concordance entre le comportement dynamique du modèle réduit lent et celui du système global a été obtenue. La compétitivité des résultats obtenus a été testée sur un modèle linéarisé d'un avion.

La considération de la commande par mode glissant dans un contexte de synthèse robuste a pris un grand intérêt à travers ce mémoire. L'importance accordée à cette considération est justifiée par l'existence des incertitudes et des perturbations dans la majorité des systèmes réels. A ce niveau, des lois de commande robuste par mode glissant ont été proposées pour le cas des systèmes multivariables incertains. Ces lois ont été conçues selon deux approches: la première est celle à ordre réduit et la seconde est celle à ordre complet. La robustesse des méthodes proposées a été garantie en présence des incertitudes et des perturbations vérifiant la condition adaptée. Cependant, la supériorité de la commande par mode glissant à ordre complet a été démontrée grâce à l'apparition immédiate du mode glissant. Les résultats obtenus ont été étendus pour le cas des systèmes interconnectés. Des lois de commande décentralisée par mode glissant ont été ainsi proposées et jugées efficaces face à l'effet des interconnexions et des incertitudes. La mise en œuvre, par simulation, des différents résultats appliqués à des exemples d'application a permis de conclure leur validité et efficacité.

Le passage de la synthèse par retour d'état, considérée dans les deux premières parties, à celle par retour de sortie a été d'une grande importance puisque, dans la réalité, il n'est pas toujours facile d'avoir accès aux différentes variables d'état d'un système. Dans ce sens, une approche de commande par mode glissant avec retour de sortie a été proposée. Laquelle a été basée sur deux étapes: la première est la présentation d'une procédure, explicite et originale, de détermination de l'observateur à entrées inconnues; la seconde est la synthèse de la loi de commande utilisant le vecteur d'état estimé et le vecteur de sortie du système. Cette loi de commande a garanti l'apparition immédiate du mode glissant en agissant à la fois dans le sens de l'élimination de l'effet des perturbations et de la convergence vers l'origine de l'erreur d'estimation.

Une grande attention a été aussi accordée, dans les travaux menés dans ce mémoire, aux limitations qui peuvent défavoriser l'implémentation de la commande par mode glissant. La première limitation, qui est le besoin de connaissance des bornes des incertitudes et des perturbations, a été surmontée par l'intégration de la technique adaptative dans la synthèse des gains de la composante non linéaire de la commande. Une loi de commande par mode glissant adaptatif a été ainsi proposée. La deuxième limitation, qui est le phénomène de chattering, jugé comme le principal inconvénient de la commande par mode glissant, a été éliminée par combinaison des avantages du mode glissant à ceux de la logique floue pour aboutir à une commande par mode glissant adaptatif flou. Les solutions proposées à ces deux limitations ont été considérées dans un contexte de poursuite de référence, afin de pouvoir améliorer à la fois les performances de la commande par mode glissant et celles de poursuite. L'application à la commande d'un robot manipulateur a montré, par simulation, l'efficacité des approches proposées, ainsi que leur supériorité par rapport à d'autres issues de l'approche classique de commande par mode glissant.

Les différents résultats présentés sont validés théoriquement et par simulation. Ils ont été jugés compétitifs que ce soit par leur contribution à la commande robuste des systèmes complexes, ou par les améliorations envisagées des performances d'implémentation. D'ailleurs, ils peuvent trouver un vaste intérêt par la possibilité d'être appliqués à plusieurs systèmes réels. En outre, ces travaux pourront être extensibles pour la commande d'autres classes de systèmes, notamment celles à incertitudes ne vérifiant pas la condition adaptée, une fois ils sont combinés avec d'autres techniques de commande robuste telle que l'approche H_∞. L'adaptation et le renforcement des études menées, dans ce cadre de thèse, pour qu'elles soient appliquées aux systèmes à retard, multimodèles et non linéaires, peuvent représenter l'une des perspectives importantes de recherche. L'utilisation des résultats obtenus et du savoir faire acquis dans la CMG des systèmes multivariables incertains continus pour la recherche de nouvelles tendances en terme de mode glissant discret s'avère aussi de grande importance.

www.ingramcontent.com/pod-product-compliance
Lightning Source LLC
Chambersburg PA
CBHW021108210326
41598CB00016B/1374